体验设计与认知心理交叉研究丛书

胡 飞 主编

宽视野成像
场景中物体识别的视知觉与脑机制

郭嘉跃 著

中国建筑工业出版社

图书在版编目（CIP）数据

宽视野成像：场景中物体识别的视知觉与脑机制 / 郭嘉跃著 . —北京：
中国建筑工业出版社，2019.12
（体验设计与认知心理交叉研究丛书）
ISBN 978-7-112-24579-6

I.①宽…　II.①郭…　III.①计算机视觉　IV.① TP302.7

中国版本图书馆CIP数据核字（2019）第286369号

随着脑科学和认知神经科学的兴起与发展，以人类为中心的认知与智能活动研究，已进入发展新阶段。设计与人类认知和智能相结合，能够使设计更科学、更适合人类。设计的很重要部分是与视觉相关的，而视觉研究也是认知神经科学中不可或缺的一个重要组成部分，但是，当前关于视觉的研究普遍的将视野局限在了中心，对于周边视野的认知机制尚未完善。本书通过一套可以 120° 呈现图像刺激、在 fMRI 中使用的宽视野成像系统进行物体认知识别研究，使得关于人类视觉的研究更加接近客观世界，为人类视觉认知、艺术与脑科学以及设计学等研究提供有力的理论和数据支撑。本书适用人群为认知神经科学、视觉认知、宽视野物体识别相关研究者。

责任编辑：吴　佳　吴　绫　贺　伟　李东禧
责任校对：李欣慰

体验设计与认知心理交叉研究丛书
胡　飞　主编
宽视野成像　场景中物体识别的视知觉与脑机制
郭嘉跃　著
*
中国建筑工业出版社出版、发行（北京海淀三里河路9号）
各地新华书店、建筑书店经销
北京雅盈中佳图文设计公司制版
北京建筑工业印刷厂印刷
*
开本：787×1092毫米　1/16　印张：6　字数：95千字
2019年12月第一版　2019年12月第一次印刷
定价：28.00元
ISBN 978-7-112-24579-6
　　（35027）

序

  近 30 年来，体验设计从萌发到茁壮，并逐渐发展成为设计界的一门"显学"。哲学视域下的"体验美学"、经济学视域下的"体验经济"、人机交互视域下从"可用性"到"用户体验"，都为体验设计研究提供了丰富的理论营养和实践指引。例如，Don Norman 的理论代表了认知心理学在设计中的应用，Elizabeth Sander 的"为体验而设计"代表了民族学方法在设计中的应用，Nathan Shedroff 的《体验设计》则受到体验经济和人机交互的双重影响。三个看似独立的标杆，其实映射出世纪之交设计学中"以用户为中心的设计"（user-centered design）的方法论转向。

  在体验设计广泛的学科交叉研究中，认知心理则是其中具有重要意义的一个分支。认知心理是 20 世纪中期兴起的一种心理学思潮和研究方向，关注人类的高级心理过程，主要是认识过程，如注意、知觉、表象、记忆、创造性、问题解决、言语和思维等。认知心理重视心理学中的综合观点，强调各种心理过程之间的相互联系、相互制约，对其他学科的发展具有重要贡献。例如，近年来，认知心理研究强调身体对认知的实现发挥着重要作用，引发了"具身认知"的思潮，这对体验设计研究具有重要价值。

  认知心理的进展为体验设计提供了新的观念和工具，体验设计与认知心理的交叉研究不断涌现，也吸引了大量优秀的青年研究者开始投入到这一具有创新性和前沿性的研究领域。正是在此背景下，这套《体验设计与认知心理交叉研究丛书》得以问世。

  《习得的反应 刺激、体验与认知的神经基础》一书从人因工学入手，采用认知神经科学的方法考察刺激—反应联结学习与认知控制的关系，为设计学与脑科学的融合研究提供了范例。可用性是体验设计长期关注的重要问题，脑科学的发展为这一问题的深入研究提供了更丰富的工具，基于客观可靠的实验室范式，采用功能性磁共振成像的技术，研究者描绘出用户在冲突识别与解决过程中的自主学习与调节，并揭示了这一过程的大脑活动，为产品设计的可用性提供了理论模型和经验证据。

《宽视野成像　场景中物体识别的视知觉与脑机制》从体验设计与认知心理的学科需要入手，采用更具生态效度的宽视野成像范式，结合脑科学的方法研究视觉规律对产品设计的意义。研究者构建了一套可以 120°呈现图像刺激的、和脑成像设备融合使用的宽视野成像系统，并基于这套系统开展了大量的视觉研究，为视觉认知和体验设计提供了理论依据和数据支撑。

《目标选择　阅读体验中的语言信息加工》采用眼动追踪技术考察用户在阅读过程中的语言加工与体验。语言是人类与外界沟通的重要工具，阅读是人们认识世界的重要途径，对于语言加工与阅读体验的认知是研究者长期关注的课题之一，而眼动方法对于这一问题的探究具有独特的优势。研究者基于深厚的学科背景和科学有效的方法，在书中逐步深入地阐述用户如何在阅读中进行语言信息的加工，为体验设计提供基础性的理论支撑和数据材料。

《体验设计与认知心理交叉研究丛书》是广东工业大学艺术与设计学院在体验设计与认知心理交叉研究的首批成果，均采用国内前沿方法与技术，关注体验设计的心理学基础理论构建。该丛书和相关研究受到中国体验设计发展研究中心、广东省社会科学研究基地"设计科学与艺术研究中心"、广东省体验设计协同创新基地、广东省体验设计集成创新科研团队、广东省体验设计教学团队等项目的支持与资助。后续还将陆续推出相关领域的前沿研究成果。

当前，用户体验和体验设计已呈现出典型的"社会弥散"（socially distributed knowledge）特征。体验设计实践的目标群体由终端用户扩展到客户甚至所有利益相关者，关注范围也由使用与交互过程扩展到了整个活动甚至全生命周期。在设计方法论正由"问题求解"转向"可能性提供"时，人的体验将成为可能性驱动的起点和终点。因此，体验应作为新的可能性的重要来源，体验设计也将为设计学提供"体验范式"的新途径。

胡　飞

2019 年 11 月 11 日于东风路 729 号

前　言

　　视觉研究是脑认知中不可或缺的一个重要组成部分，但是，当前关于视觉的研究普遍将视野局限在了中心，对于周边视野的认知机制尚未完善。产生这一现象在很大程度上是因为视觉提示设备的限制。为了打破这一束缚，本书进行了卓越的探究。本书介绍的研究是通过一套可以120°呈现图像刺激、在功能核磁共振设备中应用的宽视野成像系统。此系统的研发使得关于人类视觉的研究更加接近客观世界，得出的结论也更具有指导意义。利用这套成像设备进行了在宽视野的条件下，人脑对不同种类物体刺激在不同偏心角度的认知偏好的研究。得出在宽视野的条件下，侧视觉皮质区域对不同种类的物体刺激具有偏心角度的偏好性的结论。随后，作者将注意力集中在人脑对于不同物体的识别机制上，从行为学实验中得出，对于所有物体来说，均有从中心到周边，正确率越来越低，反应时间越来越长的特点。在LOC、FFA和PPA区域，对于物体的神经活动均呈现出不同的下降趋势。

　　本书采用功能性磁共振成像（fMRI）的手段，基于BrainVoyager QX软件进行数据处理，采用一般线性模型（General Linear Model）等方法对功能学影像数据进行处理。探寻在宽视野的条件下，人脑在不同任务下的激活模式，为人类视觉认知研究。

目　录

第1章

研究前期介绍

对人类而言，我们的科学事业所面临的挑战之一就是物体认知与大脑的关系，大脑的复杂程度及发挥的作用是其他任何器官都无法比拟的。科技发达国家和国际组织早已充分认识到脑科学研究的重要性，在对既有的脑科学研究支持外又相继启动了各自有所侧重的脑科学计划，并得以蓬勃发展，成为近 20 年来发展最快的学科之一。脑科学研究的范围很广，从狭义上讲，脑科学是研究脑的形态结构、细胞和化学的筑构、脑的感觉、运动和各种高级机能及其整合机制、脑的进化和发育过程、脑病的防治和预防、智能的开发、脑仿生学等。不过，在各个领域的研究不断取得突破的同时，人类对脑的认识依然存在不少空白。就脑认知机制来说，其中人脑对于视觉的反应机制，尤其对于周边视野刺激的反应机制，到目前为止并没有完全弄清楚，而视觉研究的重点之一便是物体识别的脑机制。本书的目标就是结合宽视野设备的研发，探索人脑对于周边视野和物体刺激的反应机制，为全面揭示人脑对视觉信息的加工过程做出努力。

1.1　背景介绍

20 世纪 80 年代早期事件相关电位（ERP）、80 年代后期正电子层析扫描（PET）和 90 年代功能性磁共振成像（fMRI）等技术的应用，给脑科学的发展带来了巨大的动力，使得我们在人类历史上第一次能够直接"看到"大脑的认知活动，即大脑在进行各种认知加工时候的功能定位和动态过程。后来发展起来的其他脑认知科学技术，如经颅磁刺激（TMS）、近红外成像（NIRS），因在脑神经活动时间、空间定位能力的不同和适用人群、适用范围的不同，进一步补充了脑科学研究的工具库和武器库。

脑神经科学在中国已经有了相当的基础。从"八五"计划之后，脑科学、认知神经科学一直受到政府部门和国家自然科学基金委重大项目经费的支持，中国科学院和多数高校系统纷纷成立了相关的研究机构。2001 年，北京大学成立了跨学科、跨单位的"脑与认知科学研究中心"；2004 年，国家成立了"脑与认知科学"重点实验室；在 2006 年颁布的《国家中长期科学和技术发展规划纲要》（2006–2020 年）中，"脑科学与认知科学"被列为八大科学前沿问题之一。足以证明脑科学研究的重要性。

1.2 从脑科学视角看艺术

科学的美学理论指的是基于严密的验证，把复杂的现象通过简单的原理、概念展现出来。与此相反，艺术之美则需要通过对事物以及事象的整合美的感受力、感性进行捕捉。两者均需要捕捉到人们所处的环境的融合之美，但是捕捉的方式不同。根据对人类思考的脑科学了解，已经被证实人类可以掌握科学角度的思考与艺术角度的思考这两种思考能力。拥有这两种思考能力的人类则会有更多的可能性。科学与艺术的融合对于拥有这两种思考能力的人类而言非常重要，而这两种思考能力则需要脑机能的支撑。

对人类来说科学与艺术的融合是本能，我们通过观察人类的脑机能就能够理解。近年来经常听到锻炼大脑这样的说法。这是由于大脑的不同部位有着不同的功能（机能局限性）。例如，右脑与左脑的技能是不同的。左脑对语言的处理更出色，而右脑对视觉、空间的处理则更为精湛。正因为有这样的区别，如果想对左脑进行锻炼就要做一些与语言相关的课题，而想对右脑进行锻炼就得做一些与视觉、空间相关的课题。因此，科学与艺术相融合是具有重要意义的。

我们知道，左右脑机能存在不同，左脑具有信息处理、感知各种事象，并找出其含义能够进行解释说明、建立假说等特性。与此相反，右脑并没有这样的特性。并且，左脑还可以将感知的信息整合成能够理解的整体概观。左脑并非仅对事件进行观察，还能够追寻事件发生的原因，对于反复发生的事件能够有效地进行处理。但是这样"编故事"的处理机能对事物的认知并非是好事。对此，右脑更加忠实于事物本身，能够提取事物原本的信息。这个机能使得右脑在对事物、事象等进行感知、认识的正确性方面要优于左脑。右脑对事物进行真实的记录，左脑在此基础上进行推论，人类的大脑拥有这双重系统进行工作。

支撑艺术表现的大多感觉刺激，比如说复杂的几何学模式、模式的变化等，不需要通过语言来进行记忆的部分，右脑更有优势。与此相对，抽象的思考过程左脑更有优势。科学家们通过严密的论证将复杂的现象进行整理归纳，总结成为数不多的原理概念，并通过这些简介的原来概念来创造新的世界。对此，艺术家们则更直观地对事物、事象整合的美的感受力、感性，进行艺术创作。虽然有些研究者因此而得出艺术家、喜爱美术的人右脑更发达的结论，但是认为这个结论为时尚早的研究者则更多。艺术家的资质、能力这些复杂的因素，用二分法来解释太过简单。

但是，科学家和艺术家的脑活动形态是不同的这个推论；人类的大脑左右用不同的机能来处理不同的课题；还有，在大脑当中也分化为精神上、身体上的机能，以及判断、行为相关的机能（存在机能局限性），这些都是真实存在的。从这种意义上讲，对科学与艺术融合的尝试，可以说是充分发挥人类的可能性（脑机能）的一种尝试。科学和艺术在最开始是作为一个整体并没有进行分开考虑的，当鉴赏美好的事物时我们往往需要以视觉科学的角度作为切入点进行思考。

1.3　人类视觉系统

人类和其他昼行性动物一样，都十分依赖视觉，我们对外界信息的感知大多数都是来自于视觉，尽管其他感觉（例如听觉、触觉等）也都很重要，但视觉主导着我们的直觉，甚至可能会对我们的思维方式产生影响。视觉如此重要的一个原因是，我们不需要直接与刺激接触便可以接收来自遥远的信息，并且进行加工处理。视觉的优势很明显，人类可以在一段距离之外发现物体并且能够快速地对物体进行识别和加工处理。视觉信息包含在物体的反射光线之中，通过反射光线投射到视网膜上，然后传递到丘脑的外侧膝状体（Lateral geniculate nucleus，LGN），通过视神经轴突最后投射到枕叶的初级视皮质（primary visual cortex，V1）。大脑视觉皮质的信息加工都是始于 V1 区域。

1.3.1　视野

视野是指人的头部和眼球在固定不动的情况下直视前方时，能够感知的总面积。视野的大小和形状与视网膜上感觉细胞的分布有关，也与视野所能测量的视野范围有关。对于视力正常的人来说，视野通常在面部垂直中线的每一侧向外延伸角度大约为 90°，双眼区域大约在左右 60° 以内的区域。但在眼球水平线上下的角度较小，特别是对于眼睛深陷或眉毛突出的人，最大视区为标准视线以下 70°。最敏感的视野面积在标准视线每侧 1° 范围内；单眼视野的标准视线为每侧 94°~104°。

视野可分为双眼中心左侧可见区和双眼中心右侧可见区。在视网膜上，对视觉信息进行加工处理，通过视神经将视觉信息传递到中枢神经系统。在进入大脑之前，每条视神经分成两部分。在双眼中央左侧的视觉信息落在双眼视网膜右侧中，信息通过视神经传递到大脑右侧的初级视皮层。双眼中央的右侧视觉信息落在双眼视网膜的左侧，信息通过视神经传递到大脑左侧的初级视皮层（图 1-1）。

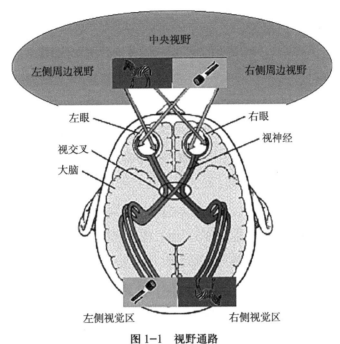

图 1-1　视野通路
（资料来源：作者绘制）

　　视觉信息通过物体的反射光线引起人类的感知。当光线投射到晶状体，图像就会被反转，然后聚焦投射到眼球的后表面，即视网膜。在视网膜的最里层是由数百万个感光细胞组成的，每一个感光细胞都含有光敏感分子，也可以称之为感光色素。通过光诱发的变化会触发神经元的电位变化，这样感光细胞就会将外界的光刺激转换为大脑可以理解的内部神经信号。

　　感光细胞分为视杆细胞和视锥细胞两种类型，视杆细胞对于低强度的刺激敏感；视锥细胞则需要强烈的光线，视锥细胞是颜色识别的基础。视杆细胞和视锥细胞在视网膜上的分布并不是均匀的，视锥细胞在视网膜的中央最为集中，这一区域被称之为中心凹，几乎没有视锥细胞分布在视网膜的周边区域，相反视杆细胞则在整个视网膜上都有分布，所以在中心凹处具有最高的视觉敏锐度。

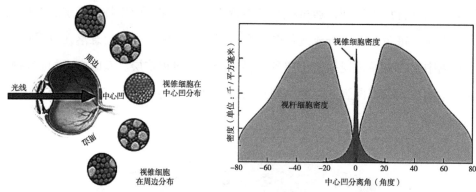

图1-2 视锥细胞和视杆细胞在视网膜中的分布和密度
（资料来源：作者绘制）

此外，在中央凹，视网膜神经节细胞有较小的感受野，在周围，它们有更大的感受野（图1-2）[1]。视网膜中央凹是视野的中心部分，主要用来观察高度精细的物体，而周边视野则用来处理广阔的空间场景和观察较大型的物体。因此中心视野是针对精细细节信息进行了优化，周边视野则是针对粗略信息进行了优化。中心凹在视野中心约5.2°的范围内[2]。中心凹外侧环形视野定义为中心旁视野约为5.2°~8.6°，而中心凹旁外侧的环形视野定义为中心凹外侧视野8.6°~19°[3]。为了更好地理解人类视觉系统中的视觉感知，需要同时研究中心视觉和周边视觉。因此在本书的研究介绍中，我们同时研究了中心视觉和周边视觉，中心视觉大致是指中心凹、中心凹旁和中心凹外侧（约19°视野或10°偏心度位置）以及周边视觉是指视野大于19°或者偏心度大于10°的范围。

这些视神经细胞经过视网膜内的路径，集中在神经节的细胞上。我们将以猴子为例进行说明，神经节细胞具有开启中心/关闭周边、关闭中心/关闭周边的受容野。打开/关闭这一机能是形状和颜色的知觉的基础。这些中心—周边形式受容野的形成从神经节细胞的前一阶段开始进行。有超过10种的种类的神经

① CURCIO C A, SLOAN K R, KALINA R E, et al. Human photoreceptor topography [J]. Journal of comparative neurology, 1990, 292（4）: 497–523.

② BA. W, USEFUL QUANTITIES IN VISION SCIENCE. INNER COVER PAGES IN "FOUNDATIONS OF VISION" .1995, SUNDERLAND : MA : SINAUER ASSOCIATES.

③ ROSSION B, GAUTHIER I, TARR M J, et al. The N170 occipito–temporal component is delayed and enhanced to inverted faces but not to inverted objects : an electrophysiological account of face–specific processes in the human brain [J]. Neuroreport, 2000, 11（1）: 69–74.

节细胞向外侧膝状体发送信息，不过，一般认为 3 种细胞重要[1]，即小型（midget）、遮阳伞型（parasol）和双层型（bistratified），这些细胞在猴子的神经节细胞中约占 90%。这 3 种细胞的反应特性与向外侧膝状体的信息传递是不同的。

小型神经节细胞向外侧膝状体的信息传递约占 70%，因此被认为是小细胞系路径的起源，小型神经节细胞向外侧膝状体的小细胞层发送红—绿色相反颜色的信息，具有受容野小，对比灵敏度低，轴索的传导速度慢等特性。对空间频率的灵敏度高，不过，对时间频率的灵敏度低。遮阳伞型神经节细胞向外侧膝状体的大细胞层发送无色的信息，与小型神经节细胞的性质正相反。双层型神经节细胞有对蓝色光开启，对黄色光关闭的一个反应特性，向外侧膝状体的小细胞层的间隔层传递信息。神经节细胞主要是向外侧膝状体传递信息。

网膜的视觉信息通过外侧膝状体将视神经信息传递到大脑皮质的初级视觉野中。外侧膝状体有 6 层构造，1、2 层是由大型细胞构成的大细胞层，3~6 层是由小型细胞构成的小细胞层。大细胞层接收太阳伞型神经节细胞信息的输入，小细胞层接收小型神经节细胞信息的输入，其层间隔层接收双层型神经节细胞信息的输入。第 2、3、5 层的神经节细胞的信息是来自同侧的视网膜，第 1、4、6 层的神经节细胞的信息是来自对侧的视网膜。视野的中心区域在外侧膝状体的中央部大范围内被再次呈现，而视野的背侧和腹侧的周边区域则是分别在内侧和外侧被再次呈现。

初级视觉皮层（V1）也可以称之为第 1 次视觉野，来自外侧膝状体的视觉神经信息经传递到达第 1 次视觉野。在第 1 次视觉野中也有被观测到规则性的视野再次呈现。左侧视野再现于右脑，右侧视野再现于左脑。1 次视觉野横跨前后鸟距沟，在鸟距沟的背侧是下面的视野被再次呈现，在腹侧是上面的视野被再次呈现。中心视野在脑表面附近的一个比较宽广的领域，周边的视野在沿着鸟距沟脑的内部被再次呈现（图 1-3）。

1.3.2 视觉皮层

视觉皮层是指主要负责处理视觉信息的大脑皮层，它位于颅骨后部的枕叶。当外部世界的图像投射在眼睛后部的视网膜上时，视觉的感知过程便由此开始，

[1] NASSI J J, CALLAWAY E M. Parallel processing strategies of the primate visual system [J]. Nat Rev Neurosci, 2009, 10（5）: 360-72.

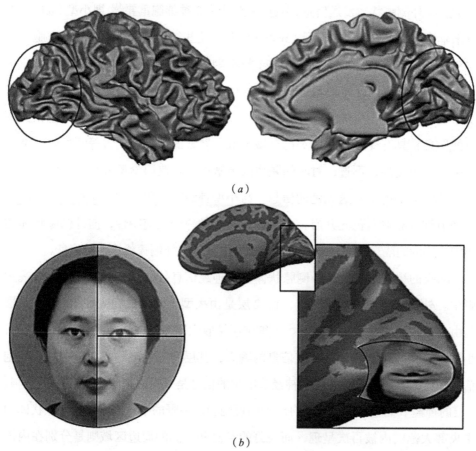

(a)

(b)

图 1-3　人类视觉皮层与 V1 视觉野
（资料来源：作者绘制）

来自眼睛的视觉信息会通过外侧膝状体投射到视觉皮层上。人类视觉皮层由
40 亿~60 亿个神经元组成，这些神经元被划分为十几个不同的功能区。在大脑
的每侧半球都有一个视觉皮层。大脑左侧半球的视皮层接收来自右侧视野的信
息，右侧半球视皮层接收来自左侧视野的信息。这些区域包括枕叶的灰质，并
延伸到颞叶和顶叶（图 1-3）。人类视觉皮层包括初级视觉皮层（V1）和纹状体
皮层。近年来，神经影像学的发展使我们得以对人类的视觉进行无创性研究。
特别是视野标测的功能磁共振成像（fMRI）技术，使我们对人类视觉皮层的功
能组织有了更深入的了解。初级视皮层位于布罗德曼 17 区。大脑皮层初级视区
（V1）是大脑皮层处理视觉信息的第一阶段。V1 区域包含眼睛覆盖的所有视野
的完整图像。它接收来自丘脑外侧膝状体（LGN）的视觉输入，并将其主要的输
入发送到随后的视觉皮质区域当中。它是最早、最简单的视觉皮层区域。初级

视皮层（V1）的输出信息分为背侧和腹侧两种路径。背侧从 V1 开始，经过 V2，进入背内侧区和颞区（MT，又称 V5），然后到达顶小叶。它通常被称为"哪里"通路，参与物体的空间位置信息和相关的运动控制的信息处理。腹侧流开始于 V1，接着是 V2、V4，进入下颞叶。这条路径通常被称为"什么"通路，它涉及对象识别，如人脸识别的信息处理，它也与长期记忆有关。

1.4　人类视觉皮层中的物体处理

当一个人看到一个数字、字母或其他形状时，大脑视觉中心不同区域的神经元会对该形状的不同组成部分做出反应，几乎是瞬间将它们像拼图一样拼凑在一起，创造出一个个人随后"看到"和理解的图像。

大脑如何观察、识别和理解物体的问题是神经科学中最有趣的问题之一。对某些人来说，这甚至似乎不是一个科学问题，因为视觉是如此的自然，而我们又是如此擅长运用它，远胜于迄今为止最好的计算机视觉系统。这是因为人类大脑有很大一部分致力于解释我们世界上的物体，这样我们就有了与环境互动的必要信息。视觉不是发生在眼睛，而是发生在大脑的多个处理阶段。物体是由大脑中物体处理部分高级阶段的大量神经元发出信号或编码的。

20 世纪 90 年代早期，用 PET 测量了物体和面孔等解释形态的功能化。许多这样的功能化区域被报道为枕叶腹侧皮层（图 1-4），例如面孔区（fusiform face areas，FFA）、房屋和场所区（parahippocampal place area，PPA）、文字区（visual word form areas，VWFA）和物体区（lateral occipital complex，LOC）[1][2]。这些对象选择区域与大脑皮层特殊区域的优先激活有关，这可能导致了它们在离散的神经区域中的分别产生（图 1-4）。

1. 形状

所谓形状特异，是指对被分解成各种形状的刺激做出反应，而非对以下叙述的那样的特定对象做出反应。当看到没有见过的物体，看到以前没有见过的新的形式的物体，零散不成形状无规则的线时，发现在后头叶脑底部的外侧部

---

① DOWNING P E, CHAN A W Y, PEELEN M V, et al. Domain specificity in visual cortex [J]. Cereb Cortex, 2006, 16（10）: 1453-61.

② GRILL-SPECTOR K. The neural basis of object perception（vol 13, pg 159, 2003）[J]. Curr Opin Neurobiol, 2003, 13（3）: 399.

图1-4　对象选择区域的位置
（资料来源：作者绘制）

文字选择区
物体选择区
身体选择区
面孔选择区
场所选择区

的领域对这些刺激表示神经活动被激活 ①。在随后的研究中对形状做出响应的区域被称为外侧后脑复合区域（lateral occipital complex，LOC），后脑叶的腹部、并扩展到外侧 [1]。LOC 的激活与记述形状的格式无关，与大小和位置也没有关系，而是与亮度、纹理、运动、错觉等有关 ②③。LOC 与对有形态的事物的认知有关，对于背景反转的图形、视野斗争、阈值附近的刺激的提示等，这些在知觉和 LOC 区域都被整合加工，这已被研究者确认。也有根据脑波 ERP 的研究，对此进行了证明 ④。有研究表明，腹部和外侧部的处理是不同的。举一个例子，Drucker 的研究结论表明 [2]，外侧部有进行形状的大致处理，腹侧部有进行精细的加工处理的特性。区域间的功能分化在面孔的知觉上也存在问题。根据 TMS 的研究，腹侧（LO1）对倾斜、背侧（LO2）对形状的辨别也有影响 [3]。

　　另外，最近有研究报告 LOC 不仅与形状相关，也与物体表面质地的知觉有关 ⑤。关于位置也有明显反应的报告 [4]，从背侧传递来的信息也被进行了加工处理。

① EPSTEIN R，KANWISHER N. The parahippocampal place area：A cortical representation of the local visual environment [J]. J Cognitive Neurosci，1998，10.
② GRILL-SPECTOR K，KUSHNIR T，EDELMAN S，et al. Differential processing of objects under various viewing conditions in the human lateral occipital complex [J]. Neurosci Lett，1998，S17-S.
③ GRILL-SPECTOR K，EDELMAN S，KUSHNIR T，et al. Differential processing of objects under various viewing conditions in the human lateral occipital complex [J]. Invest Ophth Vis Sci，1999，40（4）：S399-S.
④ ALES J M，APPELBAUM L G，COTTEREAU B R，et al. The time course of shape discrimination in the human brain [J]. Neuroimage，2013，67（77-88）.
⑤ CANT J S，GOODALE M A. Scratching Beneath the Surface：New Insights into the Functional Properties of the Lateral Occipital Area and Parahippocampal Place Area [J]. J Neurosci，2011，31（22）：8248-58.

2. 面孔

面孔是具有特殊性的刺激类型，在神经心理学中的相貌失认、认知心理学中的整体处理和面部倒立效果，以及 ERP 中的 N170 成分的存在中，得到了对于面孔刺激的相关支持 [5]。

研究者发现对面孔刺激有神经激活的反应区域在梭状回的中央外侧，命名为梭状回面孔区（fusiform face area，FFA）。该区域不对简单的刺激特征做出反应，而是对各种各样的面孔刺激做出反应。例如，横向的照片、画像、动物的脸、抽象的面孔等 ①②。这些背景和图的反转图形 ③，视野斗争事态 ④ 也被确认。脸部倒立效果的初期的脑机能图像研究，几乎没检测出与行为学的结果对应的脑的变化 [6]，最近有倒立效果的研究表明 [7]，抽象的面孔的倒立效果也是可以被识别出来的。

视觉的不变性指的是即使从各种视点角度看某一张脸，都可以识别为同一张脸，在包括面孔识别主要区域的广泛大脑区域当中，即使观测到物体的镜像，在脑活动上也会表现出较高的相关性 ⑤。即观测到右侧 60° 的脸和观测左 60° 的脸时，脑的活动是类似的。这种结果在 V1~V4 中是看不到的。他们认为这种脑活动完全体现了向视觉的不变性转变的过渡阶段。再者，有观点认为视觉的不变性是与对脸的熟悉度有关，不过，有些研究结果并不支持这一观点 ⑥。

之后的研究表明，对脸部有强烈反应的区域除了 FFA 之外，还有后头叶和侧头叶两处。即下后头回和后部上侧头沟。这两处分别被称为视皮层脸部区（occipital face area，OFA）、颞上沟面部选择区（face selective region of the

---

① TONG F, NAKAYAMA K, MOSCOVITCH M, et al. Response properties of the human fusiform face area [J]. Cognitive Neuropsych, 2000, 17（1-3）: 257-79.

② SPIRIDON M, KANWISHER N. How distributed is visual category information in human occipito-temporal cortex? An fMRI study [J]. Neuron, 2002, 35（6）: 1157-65.

③ HASSON U, LEVY I, BEHRMANN M, et al. Eccentricity bias as an organizing principle for human high-order object areas [J]. Neuron, 2002, 34（3）: 479-90.

④ TONG F, NAKAYAMA K, VAUGHAN J T, et al. Binocular rivalry and visual awareness in human extrastriate cortex [J]. Neuron, 1998, 21（4）: 753-9.

⑤ KIETZMANN T C, SWISHER J D, KONIG P, et al. Prevalence of Selectivity for Mirror-Symmetric Views of Faces in the Ventral and Dorsal Visual Pathways [J]. J Neurosci, 2012, 32（34）: 11763-72.

⑥ DAVIES-THOMPSON J, NEWLING K, ANDREWS T J. Image-Invariant Responses in Face-Selective Regions Do Not Explain the Perceptual Advantage for Familiar Face Recognition [J]. Cereb Cortex, 2013, 23（2）: 370-7.

superior temporal sulcus，fSTS）。脸部的认知与眼睛、嘴巴、鼻子等脸部构成要素及五官的空间位置的感知程度密切相关。在以往的 ERP 和 MEG 等研究中，一般认为每个脑区域承担着不同的功能 [1][2]。OFA 是面孔刺激较早被激活的区域，比起空间位置，对五官的反应更为敏感 [8]（参考关于 OFA 的作用总论）。这个区域与脸部倒立效果、脸部的同异判断都没有关系。这些是与 FFA 区域的不同之处。人们曾认为在 FFA 区域空间配置的认知反应比较重要，现在被证实对五官的认知反应也很重要。fSTS 区域的神经激活被认为是五官的刺激起到了重要的作用。OFA 区域承担面孔处理的初始过程，FFA 区域负责面孔的认定，fSTS 区域参与表情的认定。研究者 Looser 的人 / 狗、有生命的 / 无生命的实验结果也与这个结论一致 [3]。通过感官适应性的手段确认了 FFA 区域是与面部识别有关。也就是说，如果是同一个人的话，即使使用的是不同的照片，也会引起较大的感官适应性 [4]。这个结果在 OFA 区域看不到。另外，fSTS 区域与表情的认定相关，这种相关性则表示了该区域与社会的认知有关 [5]。再者，对于面孔刺激脑右侧半球的神经活动幅度似乎要更强一些。根据渐变图像，在不同的表情之间使用了阶段性合成的刺激图像进行实验，显示 fSTS 区域对刺激变化有着连续性的反应，扁桃核表现出明显反应 [9]。另外，有研究表明在面部区域之间虽然是以白质相结合的，但是 OFA 区域和 FFA 区域之间有着较强的联系，并且 fSTS 在这些领域之间并没有结合，OFA–FFA 在腹侧与扁桃核相连，fSTS 位于背侧与头顶前头部结合 [10]。另外，有研究者指出虽然适应性很强，但是在扁桃核区域内，即使没有任何情绪表情，对面孔刺激也有明显的选择性 [11]。

---

① LIU J，HARRIS A，KANWISHER N. Stages of processing in face perception：an MEG study [J]. Nat Neurosci，2002，5（9）：910–6.

② PITCHER D，WALSH V，YOVEL G，et al. TMS evidence for the involvement of the right occipital face area in early face processing [J]. Curr Biol，2007，17（18）：1568–73.

③ LOOSER C E，GUNTUPALLI J S，WHEATLEY T. Multivoxel patterns in face–sensitive temporal regions reveal an encoding schema based on detecting life in a face [J]. Soc Cogn Affect Neur，2013，8（7）：799–805.

④ GRILL–SPECTOR K，KUSHNIR T，EDELMAN S，et al. Differential processing of objects under various viewing conditions in the human lateral occipital complex [J]. Neuron，1999，24（1）：187–203.

⑤ ALLISON T，PUCE A，MCCARTHY G. Social perception from visual cues：role of the STS region [J]. Trends Cogn Sci，2000，4（7）：267–78.

在侧头叶的前方下部发现了与面孔刺激相关的区域①~④。此区域对面孔刺激的反应特性与其他区域不同，对呈现重复面孔刺激的记忆相关性比 FFA 区域高。另外，通过对脸部五官组合的倒立效果的研究，根据 TMS 报告得出了对左右的前额叶皮层在面孔刺激处理的相关性存在差异⑤⑥，今后需要更进一步的探索。而这并没有涉及 N170，其起源可能会横跨包括 FFA、OFA、fSTS 等广泛的区域，而并非仅反映 FFA 的激活[12]。而且，也有与 N170 对应的脑磁图 M170 的相关研究⑦⑧。还有面孔识别处理的相关发育研究⑨等。有用扁桃核的神经元活动来探讨自闭症与面孔识别处理的关系的宝贵的研究[13]。并且得出了面孔处理与声音的处理具有相似之处这一颇有意思的结论[14]。

最后，关于面孔处理的相关网络，不得不提到进行分散处理的 MVPA 的相关研究（编码）⑩~⑫。不仅是面部区域，就连初始的视觉缓冲器、LOC，以及下面将要提到的海马旁回的位置相关区的激活，都能够根据面部进行个人认定，特征的表象还是未知问题。另外，从体素水平来看，还应留意 FFA 对除面孔刺激以外的其他各种类型的刺激是否做出反应。

① KRIEGESKORTE N, FORMISANO E, SORGER B, et al. Individual faces elicit distinct response patterns in human anterior temporal cortex [J]. P Natl Acad Sci USA, 2007, 104（51）: 20600–5.

② NASR S, TOOTELL R B H. Role of fusiform and anterior temporal cortical areas in facial recognition [J]. Neuroimage, 2012, 63（3）: 1743–53.

③ AXELROD V, YOVEL G. The challenge of localizing the anterior temporal face area : A possible solution [J]. Neuroimage, 2013, 81（371–80）.

④ GOESAERT E, OP DE BEECK H P. Representations of Facial Identity Information in the Ventral Visual Stream Investigated with Multivoxel Pattern Analyses [J]. J Neurosci, 2013, 33（19）: 8549–58.

⑤ JAMES T W, ARCURIO L R, GOLD J M. Inversion Effects in Face–selective Cortex with Combinations of Face Parts [J]. J Cognitive Neurosci, 2013, 25（3）: 455–64.

⑥ RENZI C, SCHIAVI S, CARBON C C, et al. Processing of featural and configural aspects of faces is lateralized in dorsolateral prefrontal cortex : A TMS study [J]. Neuroimage, 2013, 74（45–51）.

⑦ SANDBERG K, ERFORD B T. Choosing Assessment Instruments for Bulimia Practice and Outcome Research [J]. J Couns Dev, 2013, 91（3）.

⑧ GAO Z F, GOLDSTEIN A, HARPAZ Y, et al. A magnetoencephalographic study of face processing : M170, gamma–band oscillations and source localization [J]. Human Brain Mapping, 2013, 34（8）: 1783–95.

⑨ HAIST F, ADAMO M, WAZNY J H, et al. The functional architecture for face–processing expertise : FMRI evidence of the developmental trajectory of the core and the extended face systems [J]. Neuropsychologia, 2013, 51（13）: 2893–908.

⑩ GOESAERT E, OP DE BEECK H P. Representations of Facial Identity Information in the Ventral Visual Stream Investigated with Multivoxel Pattern Analyses [J]. J Neurosci, 2013, 33（19）: 8549–58.

⑪ NESTOR A, PLAUT D C, BEHRMANN M. Unraveling the distributed neural code of facial identity through spatiotemporal pattern analysis [J]. P Natl Acad Sci USA, 2011, 108（24）: 9998–10003.

⑫ VEROSKY S C, TODOROV A, TURK–BROWNE N B. Representations of individuals in ventral temporal cortex defined by faces and biographies [J]. Neuropsychologia, 2013, 51（11）: 2100–8.

3. 位置

被认为与位置有关的区域是海马旁回区[15]。被命名为海马旁回位置区（parahippocampal place area，PPA），并且有许多相关有研究。PPA 对场景（这里所说的场景不论室外、室内、自然、人工、桌上等都包括）的背景要素做出反应，而不是对场景内存在的东西做出反应。因此，PPA 对于有家具的房间和没有家具的空房间都显示同样的反应。另外，PPA 与场景所代表的意义无关。因此，对已知的景象和陌生的景象都会有类似的反应。通过适应性变化实验，可以认为 PPA 表现出具有注视点特异性。即在同样的场景，注视点改变的话会出现如同新的情景一样的反应。另外，海马体具有注视点独立的表象的特性。PPA 区域的机能在左右脑具有差异性，右脑担任知觉性机能，左脑担任概念性机能，机能的结合是与功能进行相互对应①。关于 PPA 的机能有两种说法，一种是场景，情景和上下文脉语境的融合；另一种说法是与场景的布局相关[16]。Epstein 等人认为，虽然通过操控情景的刺激量和刺激的提示速度，可以确定与场景的布局有关系，不过，这个理论还需要进一步进行研究证明。通过对患者的 PPA 区域附近的脑内电极脑波的 γ 反应记录的分析，发现场景和建筑物的处理方式是不同的。前者自下而上快速激活，后者的激活速度缓慢，是来自其他区域的自上而下的激活[17]。另外，有研究者对于构成场景要素的同现概率与类型（海岸、道路、教室等）的关系进行了探讨[18]。

PPA 被认为是大脑进行空间处理网络的一部分。该网络中包括 LOC、枕横沟（TOS）的枕叶位置区（occipital place area，OPA）以及其他包括海马体、头顶叶、压后皮质等，对空间位置移动定位起着重要的作用②③。有研究表明 PPA 的适应性变化与空间定位的能力相关。老鼠的场景神经元、海马区对环境内的位置进行再现，PPA 对眼前的场景进行再现。海马、压后皮质、丘脑前核、乳头体等空间再现被认为是异向中心型的。头顶叶也与空间处理有关。根

① STEVENS W D, KAHN I, WIG G S, et al. Hemispheric Asymmetry of Visual Scene Processing in the Human Brain : Evidence from Repetition Priming and Intrinsic Activity [J]. Cereb Cortex, 2012, 22（8）: 1935-49.

② BETTENCOURT K C, XU Y D. The Role of Transverse Occipital Sulcus in Scene Perception and Its Relationship to Object Individuation in Inferior Intraparietal Sulcus [J]. J Cognitive Neurosci, 2013, 25（10）: 1711-22.

③ DILKS D D, JULIAN J B, PAUNOV A M, et al. The Occipital Place Area Is Causally and Selectively Involved in Scene Perception [J]. J Neurosci, 2013, 33（4）.

据对猴子的研究，头顶叶可以对空间内的对象定位，拥有和眼、手相关的多个坐标轴。还有关于人类头顶叶损伤的研究和空间定位的脑图像研究。神经心理学的研究表明，头顶叶损伤的患者伴随着空间定位困难，容易撞到障碍物。头顶叶、海马、PPA 的这些脑图像网络的相关研究激活了空间定位课题的研究[①]。Epstein 的研究认为头顶叶与移动带来的环境的变化进行相关联的处理有关。

另外，根据一些研究者的研究认为，PPA 的前部是默认模式网络的功能记忆和场景信息的强力结合，后部与视觉领域和具有视觉刺激特征的处理机能有很密切的关系[19]。PPA 和 LOC 在对实际场景的认知中发挥不同的功能[②]。根据他们的理解或者说 MVPA（multi-voxel pattern analysis）的研究结果可知，PPA 与 LOC 都会发生错误反应。PPA 在场景相同的空间内会出现错误的反应，而 LOC 在具有同样物品的场景中会出现错误的反应[20]。像这样关于区域内、区域间的机能差别化的研究还要在今后持续进行下去[③]。

视网膜的组织（中心和周边）是灵长类视觉皮层中最显著和强大的原理组织之一[④~⑥]。中心视觉更倾向于对细节进行优化，而周边视觉更倾向于对粗糙信息进行优化。在功能上，中心视觉主要与形式和颜色有关[⑦⑧]，而周边视觉主要与运

① MAGUIRE E A，BURGESS N，DONNETT J G，et al. Knowing where and getting there : A human navigation network [J]. Science，1998，280（5365）：921-4.

② PARK S，BRADY T F，GREENE M R，et al. Disentangling Scene Content from Spatial Boundary : Complementary Roles for the Parahippocampal Place Area and Lateral Occipital Complex in Representing Real-World Scenes [J]. J Neurosci，2011，31（4）：1333-40.

③ VASS L K，EPSTEIN R A. Abstract Representations of Location and Facing Direction in the Human Brain [J]. J Neurosci，2013，33（14）：6133-42.

④ WANDELL B A，DUMOULIN S O，BREWER A A. Visual field maps in human cortex [J]. Neuron，2007，56（2）：366-83.

⑤ WANDELL B A，WINAWER J. Imaging retinotopic maps in the human brain [J]. Vision research，2011，51（7）：718-37.

⑥ DOUGHERTY R F，KOCH V M，BREWER A A，et al. Visual field representations and locations of visual areas V1/2/3 in human visual cortex [J]. Journal of vision，2003，3（10）.

⑦ WADE A R，BREWER A A，RIEGER J W，et al. Functional measurements of human ventral occipital cortex : retinotopy and colour [J]. Philosophical Transactions of the Royal Society B : Biological Sciences，2002，357（1424）：963-73.

⑧ PANORGIAS A，KULIKOWSKI J J，PARRY N R，et al. Phases of daylight and the stability of color perception in the near peripheral human retina [J]. Journal of vision，2012，12（3）.

动处理有关[①]~[⑤]。将中心视觉和周边视觉结合起来研究,有助于更好地理解人类视觉系统中物体的感知。功能磁共振成像提供测量人脑视野图像的绝佳方法,到目前为止,fMRI 已经对中心视觉（约 10° 偏心度）的视野图像进行了很好的研究。然而,对于周边视野（大于 10° 偏心度）的视野图像研究较少。这主要是由于在功能磁共振扫描仪的孔内呈现大的视觉刺激的技术相对比较困难。

1.5　宽视野成像系统

在本书中,笔者使用了一种简单的方法在 MRI 环境中呈现出大面积的视觉刺激,称之为宽视野成像系统[21]。宽视野成像系统是通过将计算机生成的刺激投射到半球屏幕上得到的一个大的视野覆盖空间,能够使视野达到水平约为 120° 和垂直约为 116° 的范围[21]。该系统显示的图像具有很高的分辨率。这种宽视野视觉刺激成像系统由刺激呈现装置、投射装置和操作计算机组成（图 1-5）。计算机产生的刺激通过投影设备被投射到 MRI 孔内半透明的半球屏幕上。投影设备是由三菱投影仪型号 LVP-HC6800,分辨率为 1600px × 1200px（像素）,刷新率为 60Hz（赫兹）（三菱电器,日本东京）和相机 70~300mm 焦距的变焦镜头（尼康,日本东京）构成。在本研究中,投影设备被放置在离磁共振扫描仪前方约 3m 和离半球屏幕约 4m 的地方。

刺激呈现装置通过镜架与磁共振头线圈连接,实验被试者能够通过放置在核磁共振扫描仪中的呈现装置,直接观察刺激图像。刺激呈现装置包括半球形屏幕、镜子固定装置和屏幕固定装置。如图 1-6（a）所示为 MRI 内部的视觉刺激呈现装置,如图 1-6（b）所示为呈现装置;视觉刺激呈现在半球屏幕上,如图 1-6（c）所示。

---

① WARREN W H, KURTZ K J. The role of central and peripheral vision in perceiving the direction of self-motion [J]. Perception & Psychophysics, 1992, 51（5）: 443–54.

② LEVI D M, KLEIN S A, AITSEBAOMO P. Detection and discrimination of the direction of motion in central and peripheral vision of normal and amblyopic observers [J]. Vision research, 1984, 24（8）: 789–800.

③ BLAKE R, O'SHEA R P, MUELLER T. Spatial zones of binocular rivalry in central and peripheral vision [J]. Visual neuroscience, 1992, 8（05）: 469–78.

④ PRADO J, CLAVAGNIER S, OTZENBERGER H, et al. Two cortical systems for reaching in central and peripheral vision [J]. Neuron, 2005, 48（5）: 849–58.

⑤ MASLAND R H. The fundamental plan of the retina [J]. Nat Neurosci, 2001, 4（9）: 877–86.

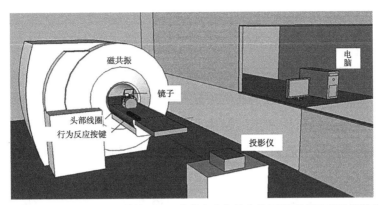

图 1-5　宽视野视觉成像系统整体效果图。一个带有变焦镜头的 LED 投影仪将计算机生成的刺激
投射到 MRI 孔内的半球半透明屏幕上，在半球屏幕上生成小的高分辨率图像
（资料来源：作者绘制）

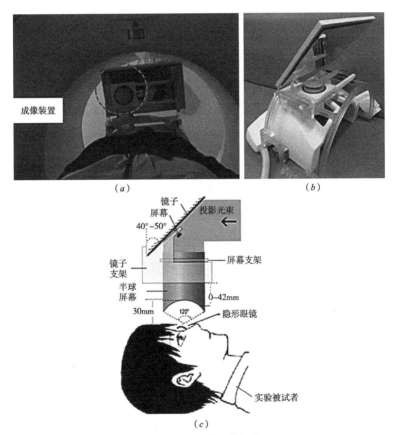

图 1-6　呈现装置的组成

（a）MRI 扫描仪内的视觉刺激呈现装置。显示部分用红色虚线进行突出表示；（b）显示展示装置的部件
包括半球形屏幕、屏幕固定装置、镜子固定装置和镜子；（c）展示仪器的图。有两个可以扭转的螺钉，
可以将后反射镜的视镜角度从 40° 调整到 50°。当屏幕与被试者眼睛之间的距离为 30mm 时，屏幕的视野
角度为 120°。实验被试者为了保持聚焦，实验时需要佩戴放大 +20、+22 或 +25 倍的隐形眼镜
（Menicon Soft MA；Menicon，Japan）
（资料来源：J. Wu et al. 2013）

1.6　研究目的

在以往的研究中，利用功能磁共振成像（fMRI）对人类视觉皮层中的物体处理进行了广泛的研究。然而，从中心到周边视野（大于10°偏心度）的FFA和LOC的神经活动仍然未知。在本书中，笔者尝试用功能磁共振成像（fMRI）在FFA和LOC区域进行研究。

笔者在磁共振环境中使用宽视野视觉成像系统。该系统显示的图像具有很高的分辨率。并且该系统能够有效地将初级视皮层V1~V3中的棋盘刺激从中央视野映射到周边视野。在高级视觉区域，我们定位了一些类别选择区，包括面孔选择区（fusiform face area，FFA），房屋，场所选择区（parahippocampal place area，PPA），物体选择区（lateral occipital complex，LOC）以及LO-1、LO-2。

在研究中，笔者使用了功能磁共振成像（fMRI）和宽视野成像系统来研究初级视觉皮层（V1）和FFA中对于面孔图像和非面孔（房屋、动物和汽车）物体图像的神经活动。在这些区域中，我们发现在面孔和非面孔物体种类中，视网膜成像的神经活动均表现出了具有偏心效应，这与周边呈现图像的感知能力降低一致。笔者假设，当房屋图像和面孔图像呈现在中心和周边视野时，在FFA中，它们对面孔和非面孔具有不同的神经活动。

然后，笔者使用功能磁共振成像（fMRI）和宽视野成像系统，研究了初级视皮层（V1）和侧视皮层，包括LOC和视网膜分区LO-1以及LO-2区域中对于四种物体（面孔、房屋、动物和汽车）的神经活动。在这些区域中，我们发现，物体的神经活动随着呈现位置和中心注视距离的增加而减少，这与人类对于周边呈现图像的感知能力降低是一致的。笔者假设，当房屋和其他类别的图像出现在周边视野中时，它们是通过不同的策略在侧视皮层中进行加工处理的。

最后，笔者通过使用功能性磁共振成像（fMRI）和宽视野成像系统，研究初级视皮层（V1）和物体识别区（LOC）对物体图像（面孔、房屋、动物和汽车）的神经激活相关区域。我们研究了V1和LOC中两个区域对刺激的血氧水平依赖（BOLD）反应。分析还发现，在V1区和LOC区偏心率越大，BOLD反应越弱，在这些区域，笔者发现物体在视网膜呈现位置和对物体的神经活动存在偏心效应，这与视觉感知能力的减弱是一致的。

视觉系统是中枢神经系统的一部分，它感知并识别来自可见光的信息，赋予了生物体处理视觉细节的能力。视网膜所得到的视觉信息，经视神经传送到大脑。视觉系统如此重要的一个原因是它使我们能够在远处便能够感知信息，而并不需要通过接触刺激才能处理它。因此，我们通过运用视觉设备了解人类是如何处理视觉信息是非常必要的。功能性核磁共振成像（fMRI）是一种新兴的神经影像学研究技术，其原理是利用磁共振造影来测量神经元活动所引发的血液动力的改变。由于 fMRI 的非侵入性、没有辐射暴露以及其具有良好的可重复性，较为广泛地被应用，该技术在脑部功能定位领域占有一席之地。本章概述了当前的视觉研究系统的主要设备，以及在功能性核磁共振成像环境下使用的视觉研究系统，并且对于功能性核磁共振成像环境下的宽视野视觉成像系统进行了详细的介绍。

2.1　背景介绍

高质量视觉刺激的呈现对接受功能性磁共振成像的实验被试者是非常重要的，但事实证明这很难实现。现在，无论是基础研究还是术前脑功能定位的脑功能激活研究越来越普遍。视觉刺激是脑功能激活最常用的刺激手段。对于传统的正电子发射型计算机断层扫描（PET）、单光子发射计算机断层扫描（SPECT）、计算机断层扫描（CT）和其他成像方式，可以使用传统的视频监视器，且扫描仪通常不会阻挡实验被试者的视野。但是核磁共振扫描仪和三维 PET 扫描仪，它们的孔洞要更长一些，被扫描者的视野会被受到相应的限制。

由于磁共振成像存在明显的条件限制问题，放置在 MRI 扫描套件内的每个设备不能有射频（RF）发射，以免降低所采集的 MRI 数据的质量。因此，设备必须是非磁铁类并且在高磁场和非磁性环境中均能正常工作，这样它们就不会被吸到磁铁孔中。放置在钻孔内的设备必须足够小，以便和被扫描者共同容纳，但也必须是非金属的，以免发生扭曲磁场或射频场以及由此产生的图像。为了以最大化观察角度进行观看，观察面应尽可能靠近被摄体放置。最后，刺激呈现系统应该与各种输入设备（计算机、视频等）兼容。

在功能磁共振成像的主要手段中，我们现在所知道的设备被分为通过观察投射到镜子上的成像和通过光纤直接投射到眼睛的成像。此外，还有一些视觉设备，智能提示中心视野和高速视觉刺激系统①。但现在越来越多的人关注周边视觉，有可能促使周边视觉设备的发展②③。

2.2　一种多功能、低成本的 MRI 视觉刺激成像装置

由于常规的视频监视器——阴极射线管（CRT），在高磁场中无法正常工作，因此需要引入多种其他呈现视觉刺激的方法。最常用呈现的方法是通过计算机生成复杂刺激的图像并对其进行投影。专门用于呈现放松视频的系统设计在市面上是正常销售的（例如，MSI、MR 资源和磁共振技术），并且已经适用于功能性磁共振成像的大脑活动的研究中④~⑥。在一些商业系统中，显示屏幕通常放在被扫描者的脚下，通过镜子反射来观看图像。但是显示屏幕在磁共振扫描仪孔外的放置位置大大减少了可用的视野。因此，为了增加视野，投影屏幕必须移入扫描仪孔内放置⑦。然后，在孔内屏幕放置中，需要减小屏幕尺寸并增加光路的长度。使用长焦距镜头可以克服这两个障碍。将投影系统放置在磁共振扫描室内可以减少焦距并避免通过射频屏幕投影。市面上销售的液晶显示器（LCD）投影仪和平面 LCD 显示器在功能上可以承受高磁场，但会产生射频干扰，需要进行射频隔离。而且，由于它们的内部结构是用钢制造的，并且包含电子部件，因此液晶投影仪和显示器必须放置在磁共振成像磁体的 50Gs（高斯）场线之外。本系统称为研究中心视觉成像投影系统（RIC VPS），旨在对之前磁共振内部所使用的成像系统进行改进。

① RICHLAN F，GAGL B，SCHUSTER S，et al. A new high-speed visual stimulation method for gaze-contingent eye movement and brain activity studies [J]. Frontiers in systems neuroscience，2013，7.

② WU J L，WANG B，YANG J J，et al. Development of a method to present wide-view visual stimuli in MRI for peripheral visual studies [J]. Journal of neuroscience methods，2013，214（2）：126-36.

③ YAN T Y，JIN F Z，HE J P，et al. Development of a Wide-View Visual Presentation System for Visual Retinotopic Mapping During Functional MRI [J]. J Magn Reson Imaging，2011，33（2）：441-7.

④ GLOVER G H，LEMIEUX S K，DRANGOVA M，et al. Decomposition of inflow and blood oxygen level - dependent（BOLD）effects with dual - echo spiral gradient - recalled echo（GRE）fMRI [J]. Magnetic resonance in medicine，1996，35（3）：299-308.

⑤ LEWIN J S，FRIEDMAN L，WU D，et al. Cortical localization of human sustained attention：Detection with functional MR using a visual vigilance paradigm [J]. J Comput Assist Tomo，1996，20（5）：695-701.

⑥ COHEN J D，NOLL D C，SCHNEIDER W. Functional magnetic resonance imaging：Overview and methods for psychological research [J]. Behavior Research Methods，Instruments & Computers，1993，25（2）：101-13.

⑦ KRUGER G，KLEINSCHMIDT A，FRAHM J. Dynamic MRI sensitized to cerebral blood oxygenation and flow during sustained activation of human visual cortex [J]. Magnetic resonance in medicine，1996，35（6）：797-800.

该 RIC VPS 视觉投影系统使用内置屏幕和室内射频屏蔽 LCD 投影仪。该系统采用现成的低成本组件。不会受到磁铁和射频的干扰。由于它使用了标准的液晶投影仪，因此可以由各种各样的计算机和视频源对其进行驱动。该 RIC VPS 系统已在 MRI 和 PET 上进行了检测，原则上它适用于这两种环境下成像。

该系统由台式计算机、录像机、投影仪、焦距适当的镜头、背投屏幕和反射镜组成。在我们的核磁共振扫描仪中，一个有角度的反射镜与一个垂直的屏幕配对，以允许被扫描者面朝上并观看投影的图像。由于该系统的简单性，对设置的修改和对不同扫描仪的适应是非常简单和快速的。整个系统的 MRI 配置如图 2-1 所示。

该系统采用了 NEC MultiSync MT 和 Sharp HV-H30UA 两个 LED 视频投影仪。除了去掉投影仪的标准镜头外，没有对投影仪做任何改动。Elscint 1.9 T 磁铁是会被动自屏蔽的，因此，投影仪可以放置在磁铁屏蔽附近，如磁铁供应商（Elscint）推荐的 50Gs 磁场线之外。多数字输入投影仪（NEC MultiSync MT）的适应性消除了转换为 NTSC 视频标准的必要性以及相关的带宽损失和模糊的像素。

由于该系统使用 LCD 液晶投影仪和计算机会产生射频干扰，因此必须屏蔽或将其从室内移除。最初在投影仪周围放置了一个铜屏射频屏蔽罩，以减少 LCD 液晶显示器产生的电磁噪声，同时连接扫描仪套件外部的计算机。然而，视频图像的质量却因通过屏幕导线的投射而降低了。目前用于投影仪的射频屏蔽使用的是一个坚固的不锈钢外壳，带有铜屏覆盖的通风口和风扇，以及一个铝导波管（直径 10cm，长 30cm），提供无障碍的光路。投影仪的一个附加要求是，

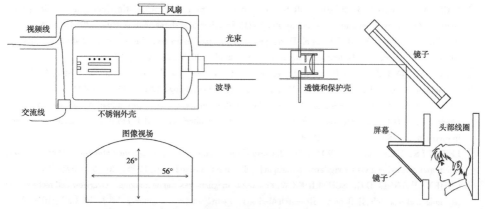

图 2-1 研究中心视觉成像投影系统（RIC VPS）的组成

（资料来源：Roby et al. 2000 年）

正常提供的镜头必须简单拆卸。连接投影仪的 6 根电缆从控制台穿过 MRI 套件的射频面板，进入屏蔽投影仪的外壳中。投影仪外壳需要被连接到地面的核磁共振室的屏蔽层。运行投影仪和机箱冷却风扇所需的交流电源的电流要通过交流电源滤波器（Corcom，PS0S0DHXB 和 10EHT1）进入机箱。

对初始透镜（Buhl Optical，36 英寸 /914 mm，f6）进行了评估，但由于景深、聚焦和图像平面度的问题，结果并不是很满意，并且图像也太亮了，被扫描者观看不舒服。对 800/63mm 消色差透镜（Melles Griot，01LAO357）进行了评估，发现该透镜由于其简单的设计和较小的光圈，可以解决图像失真问题。目前使用的透镜是一个 800/50mm 的平凸透镜（Melles Griot，01LPX343），它没有显示出色差或球面像差，而且价格非常便宜。在镜头前面放置一个可调节的光圈（5~40mm），解决了图像亮度问题。通常将光圈减小到 25mm（f32），会增加图像平坦度和改善清晰度的效果。镜头架和 40mm 光圈放在一个幻灯片的简单支架上，可以进行对焦调整。根据不同的应用要求，可以用替代镜头代替不同的图像尺寸和光路长度。在波导的出口端设置一个 5cm 的孔径，以减少光从波导管内表面的散射。

整个过程中都需要使用前视镜。屏幕是由磨砂丙烯酸和切割后安装在丙烯酸板上的背投屏幕材料制成。屏幕和镜子组件被放置在被扫描者的眼睛上方的头部线圈的顶部。从投影仪到屏幕的光路长度约为 4m，可根据图像的大小进行调整。被试者从大约 19~20cm 的距离观看背投屏幕，这对大多数人来说是舒适的，并且大多数被试者可以在没有视力矫正镜片的情况下进行观看。

该视觉呈现系统通过了以下性能测试：

1）引入扫描室的射频干扰；

2）视野；

3）图像质量。

2.3　宽视野设备介绍

2.3.1　宽视野研究背景

在功能磁共振成像的主要手段中，成像设备被分为我们已知的通过折射将刺激投射到镜子上和通过光纤将刺激直接投射到眼睛的两种方式。此外，还有一些在中心视野提示视觉刺激的设备和高速提示视觉刺激系统。但现在越来越多的人关注周边视觉，因此将有可能促进关于周边视觉成像设备的发展。

功能核磁共振成像（fMRI）是一种新兴的神经影像学研究技术，其原理是利用磁共振造影来测量神经元活动时所引发的血液流量的改变。由于 fMRI 的非侵入性、没有辐射暴露问题与其具有良好的可重复性，应用范围较广，该技术在脑部功能定位领域占有一席之地。在功能核磁共振环境中，所使用设备的研发道路上，需要解决的问题包括选择什么样的材料使得该设备不会干扰磁共振扫描仪的磁场，以及怎样才能实现更宽视野的刺激呈现。

人类视觉的产生包括两个过程：物体的反射光通过角膜、晶状体等眼内光学结构折射的成像落于视网膜上；再由视网膜上的感光细胞提供神经信号经由视觉神经传给大脑相关视觉区域，形成我们的视觉。我们在感知外部世界时，视觉系统会分为两个通路："什么"通路和"哪里"通路。"什么"通路传输的信息与外部世界的目标对象相关；"哪里"通路用来传输对象的空间位置信息。先前利用 fMRI 进行的视觉相关研究对象大多只关注"什么"通路，这使得研究方向存在一定的限制。

由于视网膜成像范围和晶状体等结构对光路调节能力的限制，人的双眼视区大约在左右 60° 以内的区域。在这个区域里对不同观察对象，如汉字、字母和颜色的辨别角度又存在一定的差别。人的视力敏感度是在标准视线每侧 1° 的范围内；单眼视野界限为标准视线每侧 94°~104°。

现有的视觉刺激的成像设备由于其成像系统的缺陷和校准偏颇，普遍存在较大误差。而且所提供的视觉刺激的呈现都是平面的，使得图像刺激不可能在较大的视野区域内提供呈现，与人眼所接受的真实的视觉刺激存在着较大的差别，极大地限制了实验的准确性和多样性。

2.3.2　2011 年研发周边视觉刺激呈现方法

在 2011 年，有研究者开发并验证了一种新型的水平和垂直偏心角都为 60° 的宽视野视觉成像系统，该系统可以通过功能性磁共振成像（fMRI）进行视网膜的物体成像。

该宽视野刺激成像系统由直径 52mm 的光纤、入口装置和呈现装置组成。所述的光纤在入口处的端部边缘是平的，而呈现装置的上端边缘部分是直径为

60mm 的球体形状。因此，实验被试者需佩戴放大 +20、+22 或 +25 倍的隐形眼镜用来聚焦刺激，视野偏心角可以达到 60°。通过信噪比评价实验，评价了 MRI 图像的清晰度和质量。他们使用棋盘格刺激和随机点刺激来证明该系统可以应用于 fMRI 的视网膜图像的绘制。

上面的描述提供了宽视图可视化表示系统的概述。宽视野视觉刺激成像系统由计算机、视觉刺激输入装置、光纤束和视觉刺激呈现装置组成（图 2-2）。由于磁共振成像需要在狭窄的磁共振扫描仪孔内使用强磁场围绕实验被试者的头部，因此在磁共振成像过程中使用的任何设备都要求不含铁磁性元素，且不应与磁场相互作用 [图 2-2（a）]。因此，非磁性材料被用来构建成像系统的组件和使用光纤束呈现视觉刺激的呈现模式。控制室内的操作人员使用计算机对刺激物的呈现进行操作。

视觉刺激呈现装置包括光纤束的一部分和支架部分。在扫描仪孔中，一个塑料光纤束支架靠在头线圈上并支撑光纤束。支架由有色金属材料（PVC）制成，易于安装和拆卸。因此，它还可以方便地调整光纤束的位置，以适应不同的头部尺寸、眼睛位置和瞳孔间距离。刺激的视野角度为水平 120°× 垂直 120°。在离实验被试者眼睛——单眼（右眼）30mm 的扫描仪孔中心位置放置光纤屏幕（曲面曲率半径为 30mm）。由于屏幕离眼睛太近，实验对象需戴着放大 +20、+22 或 +25 的隐形眼镜（Menicon Soft MA；Menicon，日本），以保持聚焦 [图 2-2（b）]。在计算刺激物的大小时，考虑了皮质的放大效应。三个屈光度透镜的光折射使刺激尺寸增加了大约 8.9%（+20）~11.3%（+25）。

视觉刺激的输入装置是由输入显示器、光纤束截面、光纤束支撑架和显示盒组成。视觉刺激是在分辨率为 800px × 600px 的显示器上生成的 [图 2-2（c）]。

光纤束由 8700 根光纤（直径 0.5mm，CK-20，ESKA；三菱，日本）组成，总外束直径为 52mm，长度约为 5500mm。光纤被整齐有序地排列好，这样刺激就可以像在入口处显示的刺激一样被呈现出来。光纤束入口部分的边缘是一个平面，而呈现部分的边缘是一个直径为 60mm 的球体。为了使呈现部分成为直径为 60mm 的球体，需同时在每根光纤的空间位置与入口处光纤的空间位置相匹配。为防止光在呈现视觉刺激时受到外部光线的干扰，光纤束外部被塑料套包裹起来 [图 2-2（d）]。

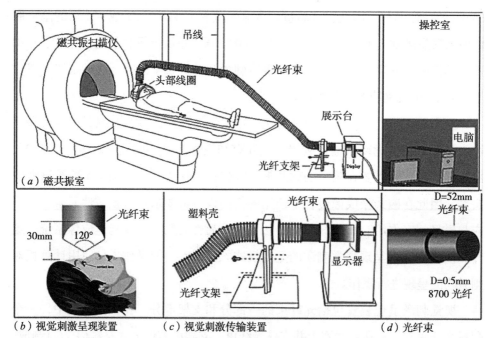

图2-2　宽视野视觉成像系统

（a）系统由操作计算机、光纤束、视觉刺激输入装置、视觉刺激呈现装置四部分组成。视觉刺激呈现装置包括刺激传输光纤束和用于固定光纤束的支架结构；（b）视觉刺激呈现装置安装在功能磁共振扫描器头部线圈中。实验被试者的眼睛不与目镜接触，从眼到光纤束中心的距离为 30 mm。光纤呈现部分的边缘侧是直径为 60mm 的球面；（c）为入口装置的放大图，并在装置上标记。入口装置由入口显示器、一段光纤束、光纤束支撑架和显示盒组成。视觉刺激在显示器上产生，分辨率为 800px×600px；（d）光纤束由直径为 0.5mm 的光纤组成，光纤束的直径为 52mm，长度约 5500mm。光纤入口部分的边缘侧是直径52mm 的平面

（资料来源：Yan，T.Y.，et al. 2011 年）

功能磁共振成像实验使用 1.5T（特斯拉）的飞利浦临床扫描仪（Intera Achieva；Best，The Netherlands）进行了安全性和信噪比的测试。采用以下参数：TR/TE =2000/50ms；FA =90°；矩阵大小 =64×64；体素大小 =3mm×3mm×3mm。在获得功能图像之前，利用自旋回波序列在与功能图像相同的平面上获得 T2 加权的解剖学图像。每次功能实验后，还获得 1mm×1mm×1mm 的 T1 加权高分辨率图像。信噪比（SNR）的计算公式：

$$SNR = \frac{(2-\frac{\pi}{2})^{\frac{1}{2}}}{N_{air}} \times S_P \qquad (2\text{-}1)$$

式中　S_P——成像中信号的平均值；

　　　N_{air}——外部噪声的标准差。

平均信噪比是根据两种情况下的 10 幅核磁共振图像计算出来的。采用和不采用该宽视野视觉成像系统时的信噪比结果分别为 110.85 和 117.22。该装置的图像去除率为 6.37%。

2.3.3　2013 年研发了一种新型的宽视野视觉成像设备

2013 年，研究学者发明了一种新的宽视野视觉成像系统，包括呈现装置、投射装置和操作计算机（图 2-3）。计算机生成的刺激图像经投影仪被投射到磁共振扫描仪孔内的半透明半球屏幕上。操作员可以使用位于观察室的计算机来控制刺激的呈现。

该宽视野成像装置通过放置在头部线圈上的镜架以便于与磁共振扫描仪头部线圈相连接。实验被试者躺在核磁共振扫描仪中能够直接看到刺激物图像。视觉刺激呈现装置包括一个半球形屏幕，一个带有镜子的屏幕固定装置。如图 2-4（a）和图 2-4（b）所示的磁共振扫描仪孔内的视觉刺激呈现装置示出呈现装置的正面视图。在半球屏幕上呈现视觉刺激的方式如图 2-4（c）所示。

他们使用的固定装置是用一种厚度为 10mm 的透明多晶硅制造的。可以调整屏幕固定装置的位置，以匹配被试者头部尺寸的变化。如图 2-5 所示，部件

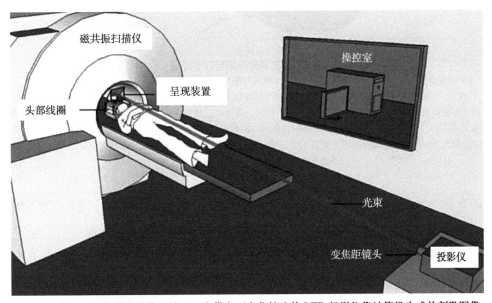

图 2-3　宽视野视觉刺激成像系统。一个带有可变焦镜头的 LED 投影仪将计算机生成的刺激图像投射到磁共振扫描仪孔内的半球半透明屏幕上，在半球屏幕上生成小的高分辨率的刺激图像

（资料来源：J. Wu et al. 2013 年）

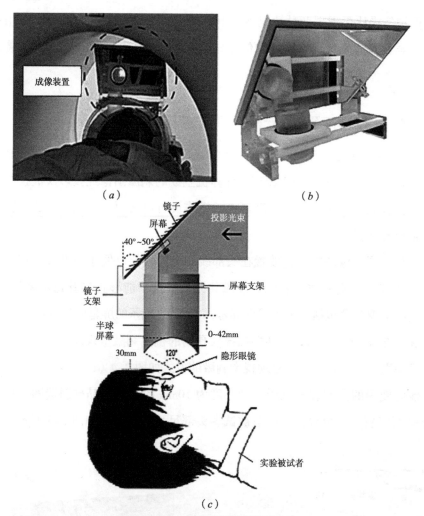

（c）

图 2-4 宽视野呈现装置的组成

（a）磁共振扫描仪孔内的视觉刺激呈现装置。虚线勾勒出呈现设备的轮廓；（b）呈现设备部件的正面视图显示，包括半球形屏幕、屏幕固定装置、镜子固定装置和镜子；（c）呈现装置的机制。镜子固定装置固定在磁共振仪的头部线圈上。通过调整两个螺钉，可以将后视镜角度从 40° 调整到 50°。为了匹配实验被试者头部尺寸的变化，屏幕和镜子底部之间的距离可以从 0mm 调整到 42mm 当屏幕与被试者眼睛之间的距离为 30mm 时，屏幕的视野角度为 120°。被试者应佩戴放大 +20、+22 或 +25 倍的隐形眼镜（Menicon Soft MA，Menicon，日本），以保持聚焦

（资料来源：J. Wu et al. 2013 年）

的方形外部和圆形内部的设计。圆形内部直径约为 60mm，由螺钉调节。为了使其达到稳定，在内径表面粘贴了一层 4mm 厚的乙烯——醋酸乙烯酯。

镜子固定装置用于固定镜子和支撑屏幕的固定装置。镜子夹具的设计和尺寸如图 2-6 所示。使用后视镜固定装置上的内螺纹和外螺纹将后视镜角度从 40° 调整到 50°。用 A- 氰基丙烯酸酯胶粘剂超级胶将它们相连的部分粘贴在一起。组装后固定装置的 3d 视图如图 2-6（c）所示。

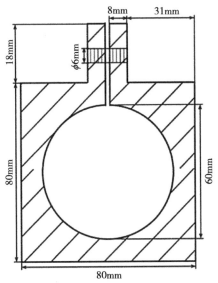

图 2-5　显示屏幕固定装置的设计和尺寸的正面视图。可以轻易地用螺丝进行调整和固定屏幕

（资料来源：J. Wu et al. 2013 年）

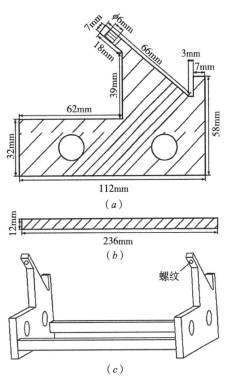

图 2-6　显示镜子固定装置的设计和尺寸的正面视图

（a）镜子固定装置两侧使用的支撑部分的设计。这一部分使用了一个内螺纹和一个外螺纹来调整后视镜角度。零件底部的两个孔用于在加工过程中固定零件;（b）连接两个支撑部分的支架;（c）镜子固定装置的三维视图

（资料来源：J. Wu et al. 2013 年）

　　如图 2-7（a）所示中的半球形屏幕是由直径为 52mm、长度 75mm 的透明聚甲基丙烯酸甲酯柱制成的屏幕。在柱子的一个末端，做成了一个直径为 52mm、曲率为 30mm 的半球形状。由于头部线圈的尺寸限制，半球的上下边缘被切割了 2mm，最终尺寸为 48mm。半球的内表面涂有一层薄薄的雾，以形成半透明的屏幕[图 2-7（b）]。

　　他们使用了三菱 LVP-HC6800 投影仪（三菱电器，日本东京），在分辨率为 1600px × 1200px 和 60Hz 刷新率的配置下进行投影。为了更好地调整图像聚焦，更换了投影仪的标准镜头，使用了 70~300mm 焦距照相机的可变焦镜头（尼康，日本东京），以实现小尺寸，并在位于扫描仪孔内的屏幕上显示高分辨率图像。他们使用投影仪放置在距离核磁共振扫描仪约 3m 的地方，距离半球屏幕约 4m 的地方，呈现 18cm × 13.5cm 的刺激图像。

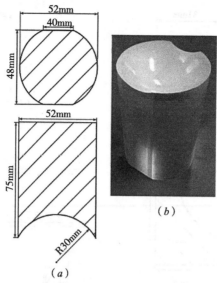

图 2-7 （*a*）半球屏幕的设计和尺寸；（*b*）半球屏幕（白色表面为屏幕）
（资料来源：J. Wu et al. 2013 年）

球面坐标系可以说是视觉研究中最自然的坐标系选择。如式（2-2）所示，描述的函数 f 用于生成由球坐标指定的几何形状的"扭曲"2D 图像[①]。

$$f:(\lambda, \phi) \rightarrow (x, y)$$
$$x=g[ecc(\lambda, \phi)]\times\cos[ang(\lambda, \phi)],$$
$$y=g[ecc(\lambda, \phi)]\times\sin[ang(\lambda, \phi)]$$

(2-2)

式中　　　　λ——半球上点的经度；

　　　　　　ϕ——半球上点的纬度；

　　ecc（λ，ϕ）——偏心率；

　　ang（λ，ϕ）——极坐标系中的极角；

g[ecc（λ，ϕ）]——投影仪图像平面上对应点的偏心率。

扭曲变形的图像是根据实际测量来进行调节的。

投影仪的光线通过扫描仪进入孔内投射，经过一个可调节的镜子（40°~50°）的反射，最终聚焦到半球屏幕上进行刺激的呈现。它们最大限度地提高了方法的精度，避免了几何畸变，因此光束的中心轴需要与半球屏幕的中心轴进行对齐。在半球屏幕上显示了一幅分辨率为 460px×425px 的尺寸为 52mm×48mm 的图像。屏幕上大约有 154000 个像素呈现出半球形的圆形屏幕。他们利用半球内表面的

---

① YU H H，ROSA M G P. A simple method for creating wide-field visual stimulus for electrophysiology：Mapping and analyzing receptive fields using a hemispheric display [J]. J Vision，2010，10（14）．

亮度在八个方向测量了六个水平偏心（5°、15°、25°、35°、45° 和 55°）的平均亮度值。随着偏心度的增加，白色的平均亮度分别为 143.3cd/m^2、139.2cd/m^2、146.2cd/m^2、145.3cd/m^2、137.2cd/m^2 和 138.5cd/m^2，黑色的平均亮度分别为 3.1cd/m^2、3.1cd/m^2、3.2cd/m^2、2.8cd/m^2、3.3cd/m^2 和 3.4cd/m^2。

他们使用这种广角视觉呈现系统，在功能磁共振扫描期间用刺激物图像（自旋回波，tr/te=3000/15ms，256×256 矩阵，15 个连续的 5mm 无间隙切片）进行安全性和信噪比测试。

上述宽视野视觉成像系统可用于进行目前常用的、具有代表性的关于视觉刺激研究的磁共振成像设备中。近年来，高分辨率、宽视野图像在功能性磁共振环境中的应用得到了很好的发展。因此本书在研究中采用了该设备并进行了相关实验。

2.4　本章小结

本章从宽视野设备的不同组成单元逐一详细地做了介绍，本装置利用改造的投影仪、平面镜等辅助装置进行搭建，与同类产品相比成本明显较低。传统设备通过光纤的连接，无法使设备实现小型化，设备的装调比较繁琐。而本书在研究中所采用的装置是使用投影仪及高分辨率可变焦镜头可以实现相应的宽视野成像，简化了相应的光学线路，并且有利于装置的拆卸和利用。

第 3 章

FFA 区域中对于面孔和非面孔物体的神经活动差异：从中心到周边视野

人的大脑对视野中的物体具有不同的辨别能力，而这些能力会随着偏心度的增大而明显减弱。利用功能性磁共振成像技术，对于物体刺激进行研究，根据研究人们推测出人脑的梭状回面孔区域（fusiform face area，FFA）更倾向于对面孔信息进行的优先处理。关于这些在 FFA 区域对于面孔刺激和物体刺激反应的研究大多都是集中在中心视野进行的。然而，在 FFA 区域对于在周边视野提示的物体刺激反应的脑神经机制仍然是未知的。所以笔者在这里介绍的研究是通过使用宽视野成像设备，在功能性磁共振成像技术下对于面孔刺激与非面孔的物体刺激（动物、房子和汽车）在初级视觉皮层 V1 以及 FFA 区域的神经活动。FFA 区域显示了在所有的偏心度位置上对于物体都有显著的神经活动，但是这些反应会随着偏心度的增加而减弱。FFA 区域在每一个偏心度位置上对面孔刺激与非面孔的物体刺激均表现出了显著的神经活动差异。并且在 FFA 区域，对于面孔刺激的神经活动要明显强于非面孔物体刺激的神经活动。研究者使用 RRV1（相对于 V1 的比率）的方法证明了偏心度和物体种类在 FFA 区域中的神经处理存在显著的相互作用。在 FFA 中，当偏心度为 0° 时，面孔刺激图像的 RRV1 明显大于房屋图像的 RRV1。更有趣的是，笔者发现面孔刺激图像与房屋和汽车刺激图像相比，呈现了出更大的下降趋势，这表明在 FFA 面孔识别区域中从中心到周边视野对于面孔和非面孔刺激的神经活动存在着明显的差异。本章提出，对面孔刺激和非面孔刺激的神经活动的差异可能受到对象感知经验的影响。

3.1　背景介绍

早期调查面孔和物体识别的功能磁共振成像（fMRI）研究表明，梭状回面孔区域（fusiform face area，FFA）是人类大脑中的面孔的神经活动比对物体的神经活动更为强烈的区域[①]，因此 FFA 被认为是大脑对于面孔感知的重要区域[22]。特定模块化的视图研究表明了 FFA 是专门用于处理面孔的大脑皮质区域，并且 FFA 区域对面孔的神经活动高于其对非面孔的神经活动。最近，有通过使用高分辨率 fMRI 的研究表明，FFA 区域中对面孔具有高度神经活动的局部区域与对

---

① KANWISHER N，MCDERMOTT J，CHUN M M. The fusiform face area：A module in human extrastriate cortex specialized for face perception [J]. J Neurosci，1997，17（11）：4302-11.

非面孔类别物体的神经活动区域在空间上存在相互交叉。此外，FFA 中对汽车刺激的神经活动与从事汽车专业知识的行为有关，这表明 FFA 可能由几个对相关对象的专业知识具有选择性神经活动的神经元群组成 [①]。这些研究结果表明，FFA 或下颞叶皮层的大部分是由更多的神经元组成的，它们有选择性地对与物体刺激的其他特征相关信息进行处理（约 18%）。

Levy 和他的同事发现，大脑中心—周边皮层组织中对于物体的神经活动存在选择性的差异 [②③]，这引起了笔者探寻对中心和周边视野中具有分类选择性区域的神经功能差异的兴趣。笔者在 fMRI 中使用宽视野成像系统 [21]，发现枕外侧复合体（lateral occipital complex，LOC）、海马旁区（parahippocampal place area，PPA）和梭状回面孔区（fusiform face area，FFA）的神经活动随着偏心度的增大而减少 [④⑤]，这与偏心度组织的特性一致。此外，笔者发现 FFA（PPA）对面孔（房子）表现出了不同的神经活动，并且对与 V1 相比的神经活动 FFA 要比 PPA 表现得更加强烈，体现在从中心到周边视野，并随着视野的增大而增强 [23]。同样的，笔者所揭示的 LOC 区域中包括 LO-1 和 LO-2，对于宽视野成像中呈现的物体也表现出不同的神经活动 [24]。然而，梭状回面孔区 FFA 从中心到周边视野对于物体的神经活动仍然未知的。

在本书中，笔者使用功能磁共振成像中的宽视野成像系统 [21]，研究在偏心度为 60° 的视野下对于面孔刺激和非面孔（动物、房子和汽车）刺激的神经活动（图 3-1）。为了估算从中心视野到周边视野对应的物体类别的选择性，笔者拟合了神经活动和偏心度的曲线用以分析不同物体类别的变化趋势，以及调查 FFA 和 RRV1（相对于 V1 的比率）中不同偏心位置和物体类别的神经活动的差异。

① GRILL-SPECTOR K, SAYRES R, RESS D. High-resolution imaging reveals highly selective nonface clusters in the fusiform face area [J]. Nat Neurosci, 2006, 9（9）: 1177-85.

② HASSON U, LEVY I, BEHRMANN M, et al. Eccentricity bias as an organizing principle for human high-order object areas [J]. Neuron, 2002, 34（3）: 479-90.

③ LEVY I, HASSON U, AVIDAN G, et al. Center-periphery organization of human object areas [J]. Nat Neurosci, 2001, 4（5）: 533-9.

④ WANG B, GUO J Y, YAN T Y, et al. Neural Responses to Central and Peripheral Objects in the Lateral Occipital Cortex [J]. Front Hum Neurosci, 2016, 10.

⑤ WANG B, YAN T Y, WU J L, et al. Regional Neural Response Differences in the Determination of Faces or Houses Positioned in a Wide Visual Field [J]. Plos One, 2013, 8（8）.

3.2 实验材料和方法

3.2.1 实验被试者

7 名健康的在校大学生（5 名男性、2 名女性）参与了这项研究。所有实验被试者视力正常，惯用手为右手。所有被试者在参与本协议前均提供书面知情同意书，实验经过该大学医院的伦理委员会批准。此实验的功能性磁共振实验是在该大学的附属医院进行的。

图 3-1　位置实验的设计图例

（a）位置实验中使用包括面孔、房屋、动物和汽车的四种物体刺激；（b）目标环表示的是从中心到周边六个偏心度刺激呈现的位置。这里介绍的是面孔刺激在 55° 偏心度位置的图例（虚线未在实验程序中显示）

（资料来源：作者绘制）

3.2.2 实验刺激呈现系统

在实验过程中，所有的刺激显示都是通过使用 Presentation 软件生成，并使用宽视野视觉成像系统进行投影 [1][2]。在这个宽视野成像系统中，实验被试者使

---

[1] WU J, WANG B, YANG J, et al. Development of a method to present wide-view visual stimuli in MRI for peripheral visual studies [J]. Journal of neuroscience methods，2013，214（2）：126-36.

[2] WANG B，YAN T Y，WU J L，et al. Regional Neural Response Differences in the Determination of Faces or Houses Positioned in a Wide Visual Field [J]. Plos One，2013，8（8）.

用单眼（左眼或右眼）通过一个直径为 52mm 的半球形屏幕观察视觉成像刺激。这个半球屏幕的曲率半径为 30mm，屏幕与被试者眼睛的平均距离也是 30mm。由于屏幕距离眼睛过近，所以在实验中使用了隐形眼镜进行聚焦，呈现的视野角度为 120°（水平）×120°（垂直）或者最大偏心度为 60° 的偏心位置。

3.2.3　位置实验

这些实验使用了灰度统一的面孔图像和非面孔（房子、动物和汽车）图像刺激 [图 3-1(a)]，并且图像刺激都是在统一灰度背景下进行呈现的 [图 3-1(b)]。每个环形位置呈现的刺激图像相差的视野角度为 10°。因为在人脸、房屋和汽车所对应的大脑选择区域的放大因素是未知的（中心到周边视野的视觉皮质放大倍数相对不同），因此在本研究中的图像刺激采用的是统一的图像尺寸。笔者的目标是比较在不同的偏心位置对于面孔和非面孔的物体图像刺激的神经活动。四个不同物体种类的刺激以相同的图片数量分别在不同的 6 个偏心度的位置进行呈现，在每一个位置上都有各个类别的 8 张不同图像刺激随机提示。最外圈的图像刺激是以中心固视点到刺激边缘偏心度为 60° 的位置。

位置实验设计是使用的"block-design"的方式共进行 4 次运行。在以 8s 为一个组块中，在同个偏心度位置上显示了来自同一个物体类别（面部，房屋，动物和汽车）的不同图像。为了排除影响，这些图像都是以统一的背景呈现。每次运行都包含了 24 个组块（4 个类别 ×6 个位置）。每个组块之间相隔 8s，期间呈现只带中心固视点的灰色背景。在扫描过程中，要求实验被试者保持注视屏幕中心固视点，红色固视点（即整个实验中存在直径为 1.8° 的红色固视点）呈现时，他们被指示对每个图像进行识别分类。在实验中红色固视点是以 1.8~3.8s 的间隔随机进行变暗处理并呈现，在固视点变暗的时候要求实验被试者对图像进行分类，同时按下按键做出反应，在整个实验扫描过程中要求实验被试者的视线始终保持注视固视点。在实验中使用的是一个与磁共振设备兼容的按钮盒连接到刺激程序播放的计算机，用以收集扫描期间的行为反应。并且根据实验设计定义了与目标刺激的按键反应在 1.2s 内的数据为有效数据。

3.2.4　图像采集

在本书中，使用的是 3T（特斯拉）的功能性磁共振扫描仪（Siemens

Allegra，Erlangen，Germany）进行脑功能成像。我们使用连续采集的标准 T2 加权回波平面成像（echo-planar imaging，EPI）（TR=2s；翻转角度 flip angle=85°；TE=35 ms；面内分辨率 in-plane resolution：2.3mm×2.3mm；层厚 slice thickness：2mm，矩阵为 64×64；间隙为 0.3mm）作为功能序列。得到的这些切片数据图像将会进行人工排列，大致垂直于骨沟，覆盖了大部分枕叶、后顶叶区 posterior parietal 和后颞叶 posterior temporal cortex 大脑皮质。在功能扫描后，利用磁共振设备的高速梯度回波序列，采用三维结构扫描来获得高分辨率的 T1 加权图像（MP-RAGE；matrix 256×256×224；1mm isotropic voxel size；TR=1800ms；TE=2.3ms）。

3.2.5 数据处理

在本书中，使用了 BrainVoyager QX2.11（Brain Innovation，Maastricht，Netherlands）分析解剖学的数据图像和功能学的数据图像。解剖学的图像用来进行识别白质/灰质的边界，并用于皮层表面重建和膨胀 [1]~[3]。将功能学的图像数据进行预处理，扫描时间校正、高通时间滤波（0.01Hz）和三维运动校正后再进行统计分析 [25]，将功能学数据转换为传统的 Talairach 空间数据以获得 3D 的数据示图 [26]。

采用一般线性模型（General Linear Model，GLM）计算基于体素的统计检验计算进行对比 [4]。双伽马血流动力学（double-gamma hemodynamic）的函数响应解释了血流动力学卷积（hemodynamic effects convolved）影响了方脉冲函数（Boxcar function）的卷曲 [5]。在每一个被试者的位置扫描上，进行组水平的随机效应方差分析。统计分析采用 $p < 0.05$ 的统计阈值，以错误发现率（FDR）进行校正，

---

① GOEBEL R，ESPOSITO F，FORMISANO E. Analysis of Functional Image Analysis Contest（FIAC）data with BrainVoyager QX：From single-subject to cortically aligned group general linear model analysis and self-organizing group independent component analysis [J]. Hum Brain Mapp，2006，27（5）：392-401.

② DALE A M，FISCHL B，SERENO M I. Cortical surface-based analysis-I. Segmentation and surface reconstruction [J]. Neuroimage，1999，9（2）：179-94.

③ FISCHL B，SERENO M I，DALE A M. Cortical surface-based analysis-II：Inflation，flattening，and a surface-based coordinate system [J]. Neuroimage，1999，9（2）：195-207.

④ FRISTON K J，HOLMES A P，WORSLEY K J，et al. Statistical parametric maps in functional imaging：a general linear approach [J]. Human Brain Mapping，1994，2（4）：189-210.

⑤ FRISTON K J，FLETCHER P，JOSEPHS O，et al. Event-related fMRI：characterizing differential responses [J]. Neuroimage，1998，7（1）：30-40.

聚类阈值为 80mm³。Talairach 坐标显示神经激活图是由高分辨率的功能 MRI 在皮质表面绘制的。

3.2.6　特定功能区域分析 Region of Interest Analysis（ROIs）

在每个被试者中，对于面孔知觉的脑活动区域 FFA 的 ROI 区域分析被定义为空间范围至少为 80mm³、经过 FDR 校正后图 2A 的区域（p < 0.05 对比度阈值），在这个区域中对面孔图像的神经活动强于非面孔脸图像的神经活动。在所有被试者两个脑的半球中都进行了 FFA 的 ROIs 区域分析。此外，提取了 FFA 中每个位置的面孔和非面孔（房子、动物和汽车）图像的神经激活幅度。

3.2.7　初级视觉皮层 V1 相关的神经活动

V1 被认为是人类视觉皮层中视觉信息处理的重要组成部分，我们所能感知到的视觉信息都是来源于此。在本书中，刺激大小并没有根据 V1 和 FFA 的皮质放大倍数来进行制定。实验过程中是统一的背景展示图片，从而排除了背景的影响。使用此表示方法无法匹配低级视觉功能。每个偏心度为提供与 FFA 相同的输入强度，因此相对于 V1 神经活动的比率将会被进一步放大。RRV1 被用以计算 FFA 神经活动幅值除以 V1 的神经活动幅值。当 FFA 中神经活动的幅值小于 V1 中神经活动幅值时，RRV1 就小于 1，反之，RRV1 大于 1。在最后的计算中，笔者只使用正数的反应幅值。

3.3　结果

3.3.1　神经激活

FFA 区域是被定义为对于面孔的神经活动大于非面孔物体的类别神经活动区域 [图 3-2（a）]。6 个偏心度位置的面孔和非面孔的神经活动表明了 FFA 区域对所有种类的物体都展示出强烈的神经活动，但是 FFA 区域对于面孔的神经活动要大于非面孔物体的神经活动 [图 3-2（b）]。在中心位置表现出强烈的神经活动，而神经活动也随着偏心度的增加而急剧下降。

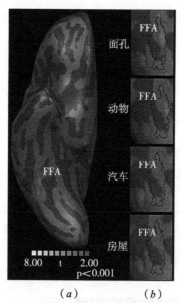

（a） （b）

图3-2 FFA区域中的神经活动图

（a）实验被试者3号的脑右半球FFA；（b）FFA区域中面孔、动物、汽车和房屋类别的平均神经激活图

（资料来源：作者绘制）

3.3.2 神经活动幅度

左右大脑的初级视觉皮层V1对于面孔和非面孔物体的神经活动的平均幅值（图3-3）和两侧大脑的FFA对于面孔和非面孔物体的神经活动的平均幅值（图3-4），采用神经响应法进行方差分析（ANOVAs），重复测量的因子为物体类别和偏心度（4×6）。

如图3-3所示，展示了整个大脑的初级视觉皮层V1中对于面孔和非面孔的神经活动平均值。神经活动随着偏心度的增加而减少 $[F_{(5, 65)}=21.44, p < 0.001]$。

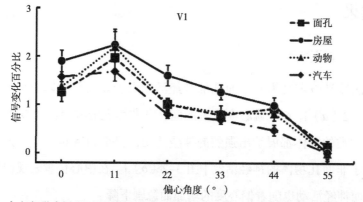

图3-3 初级视觉皮层V1区域的四种物体类型的偏心度和神经活动两者之间平均反应幅值

（资料来源：作者绘制）

此外，笔者还发现了物体种类间的一个显著的差异 [F（3，39）=20.67，p < 0.001]。更为重要的是，物体种类和偏心度 [F（15,195）=3.89,p < 0.001] 有显著的交互作用。

如图 3-4（a）所示，展示了整个大脑 FFA 区域中对于面孔和非面孔神经活动的平均值。笔者发现除房屋、汽车类在最大偏心度位置（55°）以内，均有显著的神经活动（t 检验，t（14）≥ 2.7，p < 0.05）。神经活动随着偏心度的增加而减弱 [F（2.8，35.8）= 45.36，p < 0.001]。此外，笔者还发现一个物体种类间的显著差异 [F（1.8，24.3）= 8.12，p=0.002，Greenhouse-Geisser corrected]。本书采用两两比较的方法，与非面孔的物体种类相比，面孔的图像具有更大的神经响应 [p < 0.05，Bonferroni-corrected，图 3-4（b）]。更为重要的是，偏心度与物体种类间存在显著的交互作用 [F（4.1，53.5）=2.82，p=0.03]。

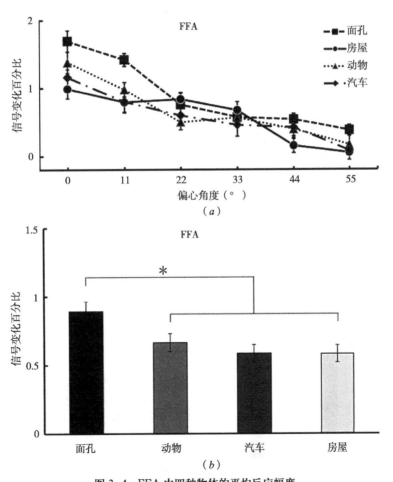

图 3-4　FFA 中四种物体的平均反应幅度

（a）FFA 中偏心度和神经活动的关系；（b）FFA 中四种物体的神经活动的差异

（资料来源：作者绘制）

3.3.3　FFA 相对于 V1 的神经活动

在本书中，对于所有的偏心度和物体种类，FFA 的输入强度保证是相同的，并且对 RRV1 的神经活动进行了缩放。V1 和 FFA 的神经活动较弱。行为学数据表现表明，在 0°~33° 偏心度位置时，行为反应数据表现良好，被试者能够识别周边视野中呈现的图像，但无法识别位置在更外侧的边缘区域（偏心度 44° 和 55°）的图像。一些被试者在最边缘的位置刺激呈现时，对这些面孔和房子的图像没有神经活动或神经活动微弱，这导致了数据的缺失。因此，对于偏心度超过 33° 的神经活动，RRV1s 结果将会被省略。在每个偏心度中，FFA 的平均 RRV1 如图 3-5 所示。在重复测量的线性混合模型中，笔者使用了种类和偏心度的因素（4×4）进行测量，这表明了 FFA 中偏心度存在着显著差异（FFA：[$F_{(3, 60)}$=5.62，$p=0.002$]，以及物体种类存在着显著差异 [$F_{(3, 52)}$=5.43，$p=0.003$]。在 FFA 中，偏心度和物体种类之间没有发现相互作用 [$F_{(9, 35)}$=1.05，$p=0.426$]。在偏心度为 0° 时，面孔图像的 RRV1 结果明显大于房屋图像的 RRV1 结果。

3.3.4　直线拟合及斜率评价

物体种类和偏心度的相互关系表明，四个物体种类随着偏心度变化的下降趋势存在差异。笔者进一步对每个个体的神经活动和偏心度进行了直线拟合。随着偏心度的增大，直线拟合的斜率越大，下降的趋势越大。斜率的差异表明

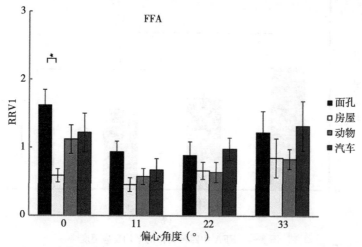

图 3-5　FFA 中四种物体的 RRV1 平均值。个体对比的显著差异（$p < 0.05$）用星号表示
（资料来源：作者绘制）

FFA 中存在着对于不同种类物体神经活动的选择性不同。只有良好的拟合结果被用于进一步比较（$r2 > 0.3$）。四个种类物体的拟合直线和平均神经活动如图 3-6（a）~ 图 3-6（d）所示。笔者进一步发现，当使用重复测量的单因素方差分析时，这四种物体的斜率存在显著的差异 [$F_{(3,36)}=3.35, p=0.03$]。与房子和汽车相比，面孔的斜率更大 [单侧 t 检验，$p < 0.05$，Bonferroni-corrected，图 3-6（e）]。

3.4　讨论

在本书中，笔者使用一个宽视野成像系统研究 V1 和 FFA 中对于面孔和非面孔物体的神经活动。笔者发现 FFA 中神经活动随着偏心度的增加而减弱，

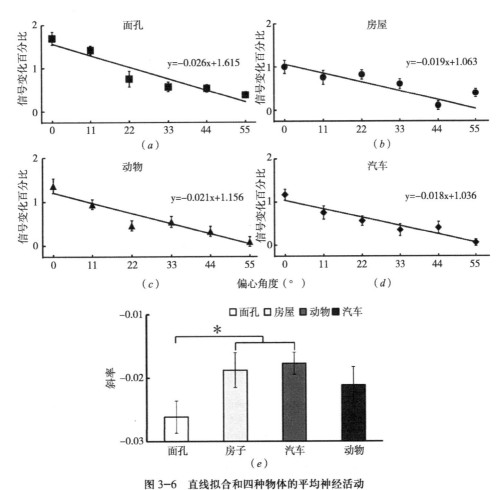

图 3-6　直线拟合和四种物体的平均神经活动

（a）面孔 ；（b）房子 ；（c）动物 ；（d）汽车 ；（e）四种物体随着偏心度变化的神经活动的斜率

（资料来源 ：作者绘制）

笔者还发现，对面孔的神经活动要大于对非面孔物体的神经活动，这与之前的研究结果一致。在偏心率为 0° 时，面孔图像的 RRV1 结果明显大于房子图像的 RRV1 结果。有趣的是，随着偏心度的增加笔者发现面孔和动物比房子和汽车有着更大的下降趋势。

3.4.1　侧视皮层对面孔和非面孔的神经活动

笔者发现在 FFA 中对于面孔与的其他种类的物体相比，面孔的图像具有更大的神经活动（图 3-4），这一结果与之前的研究结果一致 [1~3]。此外，大量研究支持存在着一个特殊的皮质区域，它延伸到面孔识别区域之外，包括用于知觉物体位置的海马旁区域（PPA）[15]，以及外侧枕部复合体（LOC）[27]。这些研究支持在腹侧和外侧的视觉皮层中存在特殊的模块。Haxby 等人的研究表明，每个体素下颞叶皮层都含有对于物体种类选择性的信息 [4]。这一发现得到了高分辨率 fMRI 研究的证实，该研究表明 FFA 中存在对面孔高度选择性的子区域，并且在空间上与对非面孔物体种类高度选择性的局部子区域存在相互交叉。相比于非面孔的物体，FFA 可能包含更多对面孔有选择性的体素（或神经元）。

此外，对这些大脑加工处理的视觉刺激类型也存在争议，有一些研究探讨了 FFA 中的神经活动与视野偏心度的关系。先前的研究发现，人类视觉皮层的中心和周边组织存在对于物体种类的选择区域。在腹侧视觉皮质中，有一些区域代表中央凹偏心度的区域，例如 FFA 和 VWFA 的外侧区域，以及代表周边偏心度的区域，例如 PPA 的内侧区域 [5][6]。最近，一些研究者的报告显示中心视野和周边视野的神经活动有所不同。例如，Yue 等人发现 [28]FFA 区域对面孔位置

① GRILL-SPECTOR K. The neural basis of object perception（vol 13，pg 159，2003）[J]. Curr Opin Neurobiol，2003，13（3）：399.

② KANWISHER N, YOVEL G. The fusiform face area：a cortical region specialized for the perception of faces [J]. Philos T Roy Soc B，2006，361（1476）：2109–28.

③ LEVY I，HASSON U，AVIDAN G，et al. Center–periphery organization of human object areas [J]. Nat Neurosci，2001，4（5）：533–9.

④ HAXBY J V，GOBBINI M I，FUREY M L，et al. Distributed and overlapping representations of faces and objects in ventral temporal cortex [J]. Science，2001，293（5539）：2425–30.

⑤ HASSON U，LEVY I，BEHRMANN M，et al. Eccentricity bias as an organizing principle for human high-order object areas [J]. Neuron，2002，34（3）：479–90.

⑥ LEVY I，HASSON U，AVIDAN G，et al. Center–periphery organization of human object areas [J]. Nat Neurosci，2001，4（5）：533–9.

偏心度变化具有较大的神经活动变化，且与 V1 神经活动的比值一致。当面孔的位置被扩大到更大的视野时，笔者之前的研究发现了中心视野和周边视野之间存在着有趣的差异。FFA 中的神经活动也显示出神经活动减弱，与 V1 神经活动相关的比率增大，并且与中心视野无关，而 PPA 与 V1 神经活动相关的比率显示出在中心视野和周边视野之间存在较小的斜率和较小的差异 [23]。笔者认为这是在生活中出现的面孔或房屋在视网膜呈现的位置不同，可能已经潜在地造成了这些不同的处理策略。

3.4.2　FFA 相对于 V1 的神经活动

在本书中，笔者进一步研究了在 FFA 区域中对于出现在中心到周边视野的关于面孔和非面孔物体的神经活动。RRV1 是根据 FFA 输入的强度进而被缩放，这对于所有的偏心度位置和所有种类物体的神经活动都是一样的。

在本书中，笔者对 V1 皮层中放大因子的刺激大小进行了缩放，并且与其他图像相比，房屋的刺激图像占据了更大的空间区域。因此，房屋图像刺激显示出了更大的神经活动。FFA 中 RRV1s 存在显著的偏心度效应，其中 FFA、PPA 和 LOC 的偏心度效应不同 [1][2]。对于偏心度为 0° 位置的结果显示，我们发现在 FFA 中面孔图像的 RRV1s 大于房子图像的 RRV1s，FFA 对面孔的神经活动显著高于对房子的神经活动（图 3–5）。在 0° 的偏心度位置下，只呈现了一幅图像刺激，并且在该研究中的其他偏心度位置处则呈现了多幅图像刺激。因此，在偏心距为 0° 时，相对于其他偏心度位置，图像刺激数量可能引起了明显的 RRV1 的差异。然而，随着偏心度的增加，对面孔和非面孔的 RRV1s 没有显示出任何差异。一个潜在的考虑因素可能是 FFA 中面孔和面孔物体图像的存在空间效应的补偿机制。

3.4.3　直线拟合和斜率评价

除了在这些物体选择区域中对主要识别物体的神经响应外，一些研究还介

---

① WANG B, GUO J Y, YAN T Y, et al. Neural Responses to Central and Peripheral Objects in the Lateral Occipital Cortex [J]. Front Hum Neurosci, 2016, 10.

② WANG B, YAN T Y, WU J L, et al. Regional Neural Response Differences in the Determination of Faces or Houses Positioned in a Wide Visual Field [J]. Plos One, 2013, 8（8）.

绍了物体种类选择与空间位置的关系[1][2]。在本书中，笔者进一步研究了FFA区域，从中心视野到周边视野呈现的面孔和非面孔物体的神经活动。笔者使用与V1比较的RRV1方法，它为本书中的每一个偏心度和物体种类间都提供相同的信息强度。对于偏心度为0°位置的刺激呈现，笔者发现与房屋图像相比，面孔图像在FFA中具有较大的RRV1，且FFA对人脸的神经活动远高于对房屋的神经活动。有趣的是，笔者发现偏心度与物体种类之间存在着显著的交互作用，并且这四种物体之间存在着不同的下降趋势。在这个过程中，随着偏心度变大，面孔图像的斜率比房子和汽车图像的斜率要大。直线拟合斜率越大，偏心度越大，下降趋势也就越大。笔者认为，斜率的差异表明FFA中存在着从中心视野到周边视野对于不同物体种类的选择性差异。通常出现在我们的中心视野中面孔显示出比通常出现在中心视野中的房屋和汽车有更大的下降趋势。笔者提出，FFA中面孔和非面孔的神经活动会受到经验以及腹侧视觉皮层的影响，这不仅决定了大脑对于面孔信息的处理策略，而且也决定了对于其他非面孔物体信息的处理策略。这种是由经验的效果解释也得到了高分辨率功能MRI研究的支持，其中FFA中对汽车的神经活动与从事汽车专业知识的行为相关。笔者提出在FFA中，从中心视野到周边视野具有不同的神经活动，其原因可能是受到对物体感知经验的影响。

3.5 本章小结

在本书中，笔者研究了在宽视野成像系统下，V1和FFA区域中对面孔和非面孔物体图像的神经活动。FFA区域在所有偏心度位置的面孔和非面孔均表现出显著的神经活动，且随偏心度的增大而减小，对面孔图像的神经活动也大于对非面孔物体图像的神经活动。重要的是，V1和FFA中的偏心度和物体种类之间存在相互作用，因此，FFA区域的RRV1受到了显著影响。在偏心度0°的位置时，面孔图像的RRV1结果显著大于房屋图像的RRV1结果，并且差异可能

---

① YUE X, CASSIDY B S, DEVANEY K J, et al. Lower-level stimulus features strongly influence responses in the fusiform face area [J]. Cereb Cortex, 2011, 21（1）: 35–47.

② SCHWARZLOSE R F, SWISHER J D, DANG S, et al. The distribution of category and location information across object-selective regions in human visual cortex [J]. Proceedings of the National Academy of Sciences, 2008, 105（11）: 4447–52.

是与房屋占据较大空间所以导致 V1 中房屋的神经活动较大有关，但在 FFA 中并没有发现较大的神经活动。笔者没有发现 FFA 区域对周边视野中呈现的面孔图像和非面孔刺激图像信息处理的不同，这可能是由于 FFA 区域没有专门用于物体信息分类识别机制或者是由于周边视野的神经活动微弱造成的。更有趣的是，笔者发现面孔刺激和动物的刺激图像要比房子刺激图像和汽车的刺激图像表现出了更大的下降趋势，这表明 FFA 区域从中心视野到周边视野对面孔和非面孔图像的神经活动存在差异。笔者提出，对面孔和非面孔图像的神经活动差异可能受对物体感知经验的影响。

第 4 章

枕外侧复合体 LOC 在宽视野下对于物体反应的研究

　　人类对于物体识别和分类的能力依赖于物体出现的视网膜位置，这种能力会随着偏心度的增大而降低。枕外侧复合体（lateral occipital complex，LOC）被认为是优先参与处理物体的脑区域，其中心视野中呈现的物体的神经活动表现出了对于不同的物体种类存在着差异。然而，LOC 在中心视野和周边视野下对于物体的神经活动的影响仍然不清楚。在本书中，笔者使用功能性磁共振成像（fMRI）技术和宽视野视觉成像系统，研究了初级视皮层（the primary visual cortex，V1）和侧视皮层，包括 LOC 和网膜区域 LO-1 以及 LO-2 区域中对于四种物体（面孔、房屋、动物和汽车）的神经活动。在这些区域中，对物体的神经活动会随着呈现的位置与中心注视距离的增加而减弱，这与对周边呈现图像的感知能力会下降的结论是一致的。LOC 和 LO-2 对所有偏心度位置（0°~55°）的物体刺激均表现出显著的神经活动，而 LO-1 仅对中心偏心度位置（0°~22°）的物体刺激表现出显著的神经活动。通过测量相对于 V1（RRV1）的比值，我们进一步证明了偏心度、物体种类它们之间存在着相互作用并且对这些区域的神经处理有显著影响。偏心度为 0° 时，LOC、LO-1 和 LO-2 的物体刺激神经活动的 RRV1 值与偏心度更大时的 RRV1 值相比要更大。在 LOC 和 LO-2 中，面孔、动物和汽车图像的 RRV1 在偏心度位置为 11°~33° 时呈上升趋势。然而，房屋的 RRV1 在 LO-1 中显示出了下降的趋势，而在 LOC 和 LO-2 中没有看到差异。笔者假设，当房子和其他类别的图像在周边视野中呈现时，它们在外侧视觉皮质是通过不同策略来进行处理的。

4.1　背景介绍

　　人类有能力在不需要眼球转动的情况下，在很大比例的视野范围内能够快速有效地对物体进行识别。这种物体识别的能力随着偏心度或视野角度的增大而明显降低 [1]~[4]。物体识别被认为是由初级视觉皮层（visual cortex，V1）进行分层

① LARSON A M，LOSCHKY L C. The contributions of central versus peripheral vision to scene gist recognition [J]. J Vision，2009，9（10）.

② STRASBURGER H，RENTSCHLER I，J TTNER M. Peripheral vision and pattern recognition：A review [J]. J Vision，2011，11（5）：13.

③ YAO J G，GAO X，YAN H M，et al. Field of Attention for Instantaneous Object Recognition [J]. Plos One，2011，6（1）.

④ YOO S A，CHONG S C. Eccentricity biases of object categories are evident in visual working memory [J]. Vis Cogn，2012，20（3）：233–43.

处理传达，其中主要的视觉信号从 V1 传递到腹侧和侧面视觉皮层 [1][2]。功能性磁共振成像（fMRI）研究根据对物体不同类别的优先反应特性，对腹侧和侧面视觉皮层中的多个区域进行了划分。这些区域包括侧枕部复合体（lateral occipital complex，LOC），它优先物体与非物体图像做出反应 [3]~[5]，面孔选择区域（fusiform face area，FFA）[22]、房屋和场所选择区域（parahippocampal place area，PPA）[15]。对这些根据类别具有选择性优先反应的区域，对于其功能的研究有助于我们理解物体知觉的神经机制 [6]~[10]。

　　LOC 位于外侧枕骨和颞侧皮质，可以通过视网膜成像进行区域的详细表征。利用功能磁共振成像（fMRI）和视神经棋盘图（checker board retinotopic mapping）刺激 [29]，在 LOC 附近划分出来了两个半场区域，并将其命名为 LO-1 和 LO-2。LO-1 和 LO-2 通过显示清晰的极角和偏心度进行划分。LO-2 表现出从中心位置到周边位置的突然的跨度 [11][12]，并且最近有研究证明 LOC 超出了 LO-1 和 LO-2 的视野图的边界 [30]。这两个区域位于 V3 背侧的前方和中间复合体（MT+）后方。

① GRILL-SPECTOR K. The neural basis of object perception（vol 13，pg 159，2003）[J]. Curr Opin Neurobiol，2003，13（3）：399.

② SCHWARZLOSE R F，SWISHER J D，DANG S，et al. The distribution of category and location information across object-selective regions in human visual cortex [J]. Proceedings of the National Academy of Sciences，2008，105（11）：4447-52.

③ GRILL-SPECTOR K，KUSHNIR T，EDELMAN S，et al. Differential processing of objects under various viewing conditions in the human lateral occipital complex [J]. Neuron，1999，24（1）：187-203.

④ RIESENHUBER M，POGGIO T. Hierarchical models of object recognition in cortex [J]. Nat Neurosci，1999，2（11）：1019-25.

⑤ SAYRES R，GRILL-SPECTOR K. Relating retinotopic and object-selective responses in human lateral occipital cortex [J]. J Neurophysiol，2008，100（1）：249-67.

⑥ GRILL-SPECTOR K. The neural basis of object perception（vol 13，pg 159，2003）[J]. Curr Opin Neurobiol，2003，13（3）：399.

⑦ HASSON U，LEVY I，BEHRMANN M，et al. Eccentricity bias as an organizing principle for human high-order object areas [J]. Neuron，2002，34（3）：479-90.

⑧ WU J，WANG B，YANG J，et al. Development of a method to present wide-view visual stimuli in MRI for peripheral visual studies [J]. Journal of neuroscience methods，2013，214（2）：126-36.

⑨ WANG B，YAN T Y，WU J L，et al. Regional Neural Response Differences in the Determination of Faces or Houses Positioned in a Wide Visual Field [J]. Plos One，2013，8（8）.

⑩ SCHWARZLOSE R F，SWISHER J D，DANG S，et al. The distribution of category and location information across object-selective regions in human visual cortex [J]. Proceedings of the National Academy of Sciences，2008，105（11）：4447-52.

⑪ LARSSON J，HEEGER D J. Two retinotopic visual areas in human lateral occipital cortex [J]. J Neurosci，2006，26（51）：13128-42.

⑫ AMANO K，WANDELL B A，DUMOULIN S O. Visual Field Maps，Population Receptive Field Sizes，and Visual Field Coverage in the Human MT plus Complex [J]. J Neurophysiol，2009，102（5）：2704-18.

行为学数据分析表明，对于面孔的视觉工作记忆性能从中心视野到外周视野会有所下降，而当图像在宽视野下呈现时，在偏心度高达 40° 时，建筑物的相应性能保持不变[31]。在 FFA 和 PPA 中也表现出偏心度偏好：FFA 对位于中心视野的刺激存在神经活动的偏好，而 PPA 则对位于周边视野的刺激存在神经活动的偏好①②。在先前使用宽视野视觉成像的研究中，笔者发现刺激图像随着偏心度的增加，在 FFA 和 PPA 区域的神经激活都减少了。相对于 V1 的神经活动（RRV1），FFA 表现出比 PPA 有更高的比率。此外，这种差异从中心视野到周边的视野会逐渐增大[23]，这表明在宽视野中对周边视野呈现的刺激的神经激活程度与在中心视野呈现的刺激的神经激活程度是不同的。一个涉及中心视野中呈现刺激的 fMRI 研究表明了对物体的神经活动存在类别的偏差：有生命的类别（身体部位、动物和面孔）引起的神经活动略高于无生命的类别（汽车、雕塑和房子）引起的神经活动[30]。此外，基于体素模式的平均反应和 LOC 中的反应分析确定了对不同物体类别的反应的差异[32]。这些研究表明，V1 后期的神经活动表现出对物体的类别是具有选择性的。然而，对于周边视野中物体的神经激活的物体种类偏差还不是很清楚。

在本书中，笔者使用功能性磁共振成像技术和宽视野成像系统③④，用来研究 V1 区域的中心和周边视野物体的神经活动。在功能性磁共振扫描过程中，实验被试者被要求在偏心度为 60° 的视野条件下观看四个种类的物体（面孔、房屋、动物和汽车）刺激，这些物体刺激水平排列在六个不同偏心度位置的环形内（图 4-1）。实验被试者被要求在保持注视中心固视点的同时对所呈现的物体图像刺激进行分类。笔者研究了不同偏心度位置对物体类别的神经激活图和神经活动的幅度。

4.2 材料和方法

4.2.1 实验被试者

7 名被试者（男性 5 名，女性 2 名），年龄 21~29 岁。所有被试者视力正常，

---

① HASSON U, LEVY I, BEHRMANN M, et al. Eccentricity bias as an organizing principle for human high-order object areas [J]. Neuron, 2002, 34（3）: 479-90.
② LEVY I, HASSON U, AVIDAN G, et al. Center-periphery organization of human object areas [J]. Nat Neurosci, 2001, 4（5）: 533-9.
③ WU J, WANG B, YANG J, et al. Development of a method to present wide-view visual stimuli in MRI for peripheral visual studies [J]. Journal of neuroscience methods, 2013, 214（2）: 126-36.
④ WANG B, YAMAMOTO H, WU J, et al. Visual field maps of the human visual cortex for central and peripheral vision [J]. Neuroscience and Biomedical Engineering, 2013, 1（2）: 102-10.

惯用手为右手。功能性磁共振实验在该大学的附属医院进行的，实验经过了该大学附属医院伦理委员会的批准。

4.2.2　刺激呈现系统

所有的视觉刺激都是使用 Presentation 软件（Neurobehavioral Systems，Inc）生成的，并且使用的是宽视野视觉成像系统 [1][2] 进行刺激的呈现。在该系统中，使用直径 52mm 的半球屏幕对实验被试者的单眼（左眼或右眼）呈现刺激；这个半球屏幕的曲率半径是 30mm。被试者通过半球屏幕观看刺激，实验被试者的眼睛和半球屏幕之间的平均距离为 30mm。由于距离过近，实验被试者需要佩戴隐形眼镜以便对刺激物图片进行聚焦，刺激图片在视野为 120° 水平 ×120° 垂直或 60° 偏心度内呈现。

4.2.3　定位实验

物体位置实验使用了面孔、房屋、动物和汽车的灰度图像（图 4-1（a））作为实验刺激。如图 4-1（b）所示，刺激图像被均匀地排列在六个偏心度位置的圆环内。如图 4-1（c）所示，偏心度 33° 的房子刺激的环形样本图像。刺激圆环的宽度为 10° 的视角。每个圆环的间隙为 1° 的视角。在这个实验中使共用了 192 张不同的图像。因为在 LOC 笔者不清楚周边视野的放大因子，所以笔者选择使用统一大小的刺激图像。如果笔者根据先前的研究计算 V1 的皮质放大因子作为缩放刺激物的大小的依据 [33]，或用之前的研究计算出的 LO-1/2 的皮层放大因子 [29] 调整刺激大小的话，那么中心和周边放大倍率将会有很大的不同；靠近中央凹外侧的刺激将会非常大。

物体实验由四个运行的组块设计实验组成。每个在 8s 内，单个偏心度位置显示其来自同一类别物体（面孔、房屋、动物或者汽车）的不同图像。为了排除背景的影响，笔者把背景和图像进行统一呈现。使用这种表示方法，每个物体类别中的图像所占据的空间量有所不同（面孔：房屋：动物：汽车 =1.3：1.7：1：1），但在每个偏心度上的数量是一致的。每幅图像呈现时间为 0.8s，间隔

---

① WU J, WANG B, YANG J, et al. Development of a method to present wide-view visual stimuli in MRI for peripheral visual studies [J]. Journal of neuroscience methods, 2013, 214（2）: 126-36.

② WANG B, YAMAMOTO H, WU J, et al. Visual field maps of the human visual cortex for central and peripheral vision [J]. Neuroscience and Biomedical Engineering, 2013, 1（2）: 102-10.

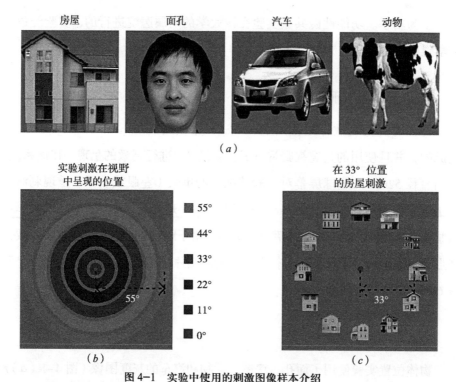

图4-1 实验中使用的刺激图像样本介绍

（*a*）显示的是四种物体类别的样本图像。这里显示的面孔图像作为举例说明，并没有在实际实验中呈现；
（*b*）环的形状代表的是物体刺激的六个偏心度位置。环的颜色部分表示物体刺激在视野中的位置。从环的中心固视点的位置开始的偏心度在右侧列出；（*c*）展示的是视野内房屋刺激的图像，这里介绍的是偏心度为33°的房屋刺激图像

（资料来源：Wang，Bin，et al. 2016 年）

时间为 0.2s。图像组块与基准背景组块（只带有固定点的灰度屏幕）交错呈现，持续 8s。每次运行包含每个位置和物体类别组合的组块；这样，每次运行共包含 24 个组块（4 个类别 ×6 个位置）。在扫描过程中，实验被试者被要求在始终保持注视中心固视点的同时对所呈现的图像进行分类，中心固视点的颜色每隔 1.8~3.8 s 随机时间进行一次调光，当在固定盘变暗时实验被试者被要求对所呈现的刺激图像进行分类并按下相应的反应按键。根据实验程序设计，笔者把发生在刺激图像提示后 1.2s 时间之外的按键反应进行忽略。扫描过程中，通过与操控实验刺激的计算机相连的磁兼容按键装置收集行为反应的数据。

4.2.4 物体选择区定位实验

通过定位实验确定了物体选择区域（LOC）。刺激图像包括 30 张面孔、房子、动物和汽车的灰度图像（刺激尺寸为 22°×22°），以及它们相位打乱的图像。实

验以 12s 的休息为开始和结束，包含被 10 次休息所隔开的 20 个刺激呈现组块（每个组块持续 10s）。在每个刺激呈现组块中，共呈现来自单个刺激类别的 10 张图像，并重复其中的两张或三张图像。实验被试者被要求注视视野中心的固视点，当发现所呈现的图像重复时按下反应按键以做出反应。

4.2.5　视网膜定位实验

顺时针旋转的楔形图和向外围膨胀的环行刺激被用于识别视觉皮层中视网膜区域的实验 [1]~[3]。在刺激的中心呈现红色固视点(约 1°)。这些用于定位视网膜的刺激是由高对比度的黑白棋盘图案组成，该刺激图案在 8Hz 的时间频率下进行相位反转，呈现的范围为偏心度 2.4°~60°。楔形棋盘刺激为 22.5° 的视野角度，围绕中心红色固视点进行顺时针的缓慢旋转。楔形棋盘刺激以 22.5° 的视野角度进行位置旋转，形成一个圆形，楔形棋盘刺激在每个位置上都保持 8s。这些向外围膨胀的环行刺激的偏心度是从 2.4° 扩展到 60°。向外围膨胀的环行刺激不是连续的膨胀，该刺激在每个位置停留 8s。楔形图旋转和向外围膨胀的环行刺激共进行了 6 个周期的呈现。所有实验均采用被动观测的方法，要求实验被试者在整个扫描期间保持注视中心红色的固视点。

4.2.6　图像采集

使用 3T（特斯拉）的 fMRI 扫描仪（Siemens Allegra，Erlangen，Germany）进行功能学成像。功能学成像包括连续采集的标准 T2 加权回波平面成像（EPI）图像（参数为：TR=2s；TE=35 ms；翻转角 =85°；64×64 矩阵；平面分辨率：2.3mm×2.3 mm；片厚：2mm，间隙 0.3mm；30 片）。图像采集后手动将切片对齐，使其大致垂直于胼胝体沟，覆盖枕叶、后顶叶和后颞叶皮质的大部分。功能学成像扫描后，获得一卷高分辨率 T1 加权矢状面图像（MP-RAGE；TR=1800ms；TE=2.3ms；矩阵 256×256×224；1mm 等方性的体素尺寸）。

① WU J L，YAN T Y，ZHANG Z，et al. Retinotopic mapping of the peripheral visual field to human visual cortex by functional magnetic resonance imaging [J]. Hum Brain Mapp，2012，33（7）：1727-40.

② SERENO M I，DALE A M，REPPAS J B，et al. Borders of Multiple Visual Areas in Humans Revealed by Functional Magnetic-Resonance-Imaging [J]. Science，1995，268（5212）：889-93.

③ ENGEL S A，GLOVER G H，WANDELL B A. Retinotopic organization in human visual cortex and the spatial precision of functional MRI [J]. Cereb Cortex，1997，7（2）：181-92.

4.2.7 数据预处理

使用 BrainVoyager QX2.07（Brain Innovation，Maastricht，Netherlands）解析软件，分析解剖学图像和功能图像。将解剖图像进行分割，以识别白质 / 灰质的边界，然后用于皮质表面重建和膨胀[25]。对功能图像进行扫描、时间校正、三维运动校正、高通时间滤波（0.01Hz）的预处理后再进行统计分析。随后将功能数据转换为常规的 Talairach 空间，从而得到 3D 数据表示的形式[26]。

将通过一般线性模型（GLM）应用于分析基于体素的位置实验和定位器实验的数据。将 boxcar 函数与双 γ 血流动力学响应函数进行卷积以用来解释说明血流动力学的效应[34]。在组别对比中，对每个被试者的位置扫描进行随机效应的方差分析。在统计分析中采用的统计阈值为 $p < 0.05$，用错误发现率（FDR）进行校正，并且聚类阈值为 $20mm^3$。神经激活图在 Talairach 坐标中的高分辨率结构图像在皮质表面上呈现。

4.2.8 视网膜定位图

利用线性相关图分析方法用来识别定位极坐标角和偏心度的视网膜图。刺激块由 Boxcar 函数建模，其与双 γ 血流动力学响应函数进行卷积。对于每个体素，血流量时间过程的刺激驱动调制与理想响应函数的响应相关。通过识别与时间相对应的刺激参数（极角坐标或偏心度），将该阶段转换为物理单位。基于阈值为 0.25 的 r 值对颜色编码的皮质区域进行分类。视网膜局部图被投射到膨胀的大脑皮质表面上表示。

4.2.9 特定功能区域分析（ROIs）

对于 V1 的特点区域（ROIs）是根据每个被试者的位置实验数据和通过视网膜的局部结果图定位的，每个被试者的 V1 区域都是分别定义的。通过对一个位置处的刺激呈现所对应的响应与使用通过 FDR 校正的 $p < 0.05$ 的阈值进行对比，以及所有其他位置所处的该刺激所呈现的响应进行对比以完成该分析。沿着 V1，在神经激活的位置绘制了一条带状节段，每个节段面积为 $150mm^2$。总的来说，在每侧的脑半球定义了 6 个功能性的特定区域 [图 4-2（a）]。然后将这些皮质的 ROI 转化为三维体的 ROI。LOC 的 ROI 是通过将所有物体类别图像与经

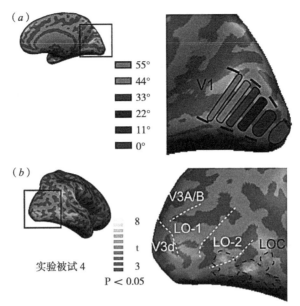

图 4-2　外侧视觉皮质 LOC、LO-1 和 LO-2 区域。黑色虚线勾勒出 LOC 的位置，这是通过脸部、房屋、汽车和动物的刺激图像对比相位扰乱图像来进行的确定

（资料来源：Wang，Bin，et al. 2016 年）

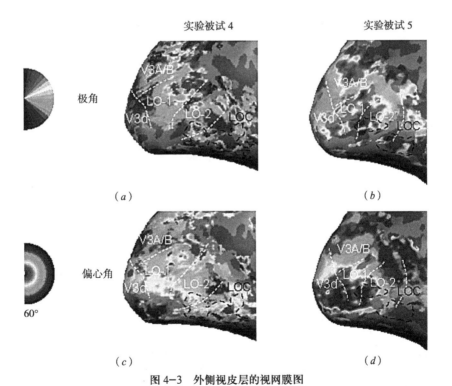

图 4-3　外侧视皮层的视网膜图

（a）（b）显示极角刺激外侧视皮层的表示；白点线表示 LO-1、LO-2、V3d 和 V3A / B 的可视区域；

（c）（d）显示了偏心度在外侧视觉皮层中的表示

（资料来源：Wang，Bin，et al. 2016 年）

过 FDR 校正后的干扰图像进行对比而定义的，对比的阈值为 $p < 0.05$，使用空间范围至少为 $20mm^3$ 图像进行对比 [图 4-2（b）]。如研究者 [29] 所述，LO-1 和 LO-2 在视网膜定位表征中被鉴定为是反转的表现（图 4-3）。将每个对象类别在每个偏心位置引起的神经激活量进行量化表现为每个区域的神经活动幅值。

4.2.10 相对于视觉皮层的神经活动

如上所述，笔者没有根据 V1 和 LO-1/2 中的皮质放大因子来缩放刺激的大小。此外，所有的图像都是以统一的背景进行呈现的，这样可以排除背景引起的影响。由于使用的这种呈现方法，低级视觉的属性是无法相配的。在人类视觉皮层中，V1 被认为是视觉信息处理的关键区域，是必不可少的。笔者通过相对于 V1 神经活动的比率进一步把神经活动进行缩放，从而为所有偏心度位置提供与 LOC、LO-1 和 LO-2 相同的输入强度。笔者将用 RRV1 的计算方法，是将 LOC、LO-1 和 LO-2 中的神经活动的幅度除以 V1 中的神经活动的幅度。当神经活动的振幅大于 V1 中的神经活动振幅时，RRV1 会大于 1，当神经活动的振幅小于 V1 中的神经活动振幅时，RRV1 会小于 1。在这里只使用正反应的振幅值用于计算。

4.3 结果

4.3.1 行为学结果

如表 4-1 所示列出了被试者在每个视网膜位置上对属于四类刺激之一的刺

定位实验的行为结果 　　　　　　　　　　　表 4-1

名称	种类	刺激偏心度					
		0°	11°	22°	33°	44°	55°
正确率（%）	面孔	0.84 ± 0.05	0.96 ± 0.02	0.95 ± 0.04	0.98 ± 0.02	0.86 ± 0.04	0.77 ± 0.06
	房屋	0.86 ± 0.06	0.93 ± 0.04	0.93 ± 0.04	0.64 ± 0.07	0.63 ± 0.12	0.25 ± 0.08
	动物	0.77 ± 0.07	0.96 ± 0.02	0.84 ± 0.07	0.79 ± 0.1	0.27 ± 0.07	0.14 ± 0.07
	汽车	0.79 ± 0.08	0.95 ± 0.03	0.96 ± 0.02	0.82 ± 0.04	0.50 ± 0.09	0.16 ± 0.1
反应时长（ms）	面孔	684 ± 21	621 ± 28	586 ± 43	580 ± 43	673 ± 38	669 ± 41
	房屋	725 ± 43	645 ± 39	644 ± 15	715 ± 37	709 ± 48	701 ± 35
	动物	724 ± 44	643 ± 26	622 ± 41	643 ± 35	680 ± 58	785 ± 25
	汽车	762 ± 29	615 ± 33	595 ± 46	651 ± 45	683 ± 49	777 ± 60

（注：数值显示为平均值 ±SEM）
（资料来源：Wang, Bin, et al. 2016 年）

激的反应时间和识别准确度。在主要实验中使用的恒定（无缩放）图像尺寸使得参与者难以对边缘位置的刺激进行分类。在偏心率为 0°~33° 时，行为学数据表现良好；被试者可识别周边视野中呈现的图像，但未能识别更外端的周边位置（偏心度为 44° 和 55°）的图像。一些被试者在最外围的位置看到面孔和房子的图像时，对这些图像没有反应或反应微弱，这导致了他们的反应缺失。采用线性混合模型对偏心系数和类别（6×4）的重复测量进行了分析。刺激偏心率 [F（5，34）= 61.3，p < 0.001] 和刺激类别 [F（3，44）=27.9，p < 0.001] 对正确性有显著影响。此外，类别和偏心率之间存在显著的相互作用 [F（15，23）= 7.18，p < 0.001]，表明每个物体类别的识别正确率受偏心率的影响。例如，在较外围的边缘位置（偏心度 33°~55°），人脸图像识别的精度显著高于其他图像类别，但在偏心度为 33° 时，辨别房子的准确度比辨别面孔和汽车的准确度要低。刺激偏心度对反应时间的影响显著 [F（5，15）=2.6，p=0.01]，而类别 [F（3，29）=2.5，p=0.08] 对反应时间无明显影响。两相比较表明，对于动物图像，在偏心度 22° 时的响应时间比在偏心度 0° 时的反应时间短。

4.3.2　侧视觉皮质中的神经活动图

我们把六个偏心度位置的物体在侧视觉皮层中的神经活动创建了神经激活图并进行呈现（图 4-4）。侧面视觉皮层（LOC、LO-1 和 LO-2）对六个偏心度中的每一个位置均表现出了强烈的神经激活，并且四个物体类别（面孔、房屋、动物和汽车）的神经活动图是相似的。正如预测的那样，在中心视野的刺激会引起强烈的神经活动，神经活动的大小随着偏心度的增大而减小。这六个偏心度的激活图基本上重叠。呈现在中央位置的物体引起最强的神经活动，这些神经活动图覆盖了大部分外侧视觉皮层。在周边呈现的物体引起微弱的神经激活，这些激活图覆盖了外侧视觉皮层的前部，主要代表周边视野。

4.3.3　神经活动幅度

将两侧脑半球的神经活动进行汇总，平均神经活动幅度如图 4-5 所示。一般来说，神经活动幅度从中心位置到周边位置会逐渐减小。使用偏心度和种类因子（6×4）的重复测量的线性混合模型来分析我们所研究区域中的神经活动。在 V1 中，偏心度 [F（5，94）=54.64，p < 0.001] 和种类 [F（3，68）=5.82， p=0.002] 都存在显著的主要影响，但偏心度和种类 [F（15，61）=1.08，p=0.4] 之间没有相互作用（图 4-5（a））。对房屋图像的神经活动大于对其他类别图像的神经活动，这可能是由于房屋图像占用的空间较大所致。两相比较发现，物体类别间的显著性差异主要存在于 0°、22°、33° 和 44° 的偏心度位置（p < 0.05）。其中，在 0° 偏心度时，对房屋图像的神经活动大于对动物图像的神经活动，在 22° 和 33° 位置时，对其他类别图像的神经活动大于对动物图像的神经活动。

LOC 的神经活动受偏心度的影响是显著的 [F（5，83）=158.19，p < 0.001]，偏心度与类别间存在着显著的交互作用 [F（15,53）=4.34,p < 0.001][图 4-5(b)]。两相比较发现，物体类别间的显著性差异主要出现在 0°、22°、33° 和 55° 的偏心度位置（p < 0.05）。特别是，对于面孔图像的神经活动大于在 0° 偏心度下对房屋图像的神经活动。然而，房屋图像的神经活动大于 22° 偏心度时的面孔、动物和汽车图像的神经活动。在偏心度 33° 的位置，对面孔图像的神经活动小于其他物体类别的神经活动（p < 0.05）。

定位实验采用 22°×22° 大小刺激图像，得到的结果是，LOC 对于在视野中心提示的定位刺激的神经活动是广泛分布的。因此，我们还测量了 LO-1 和 LO-2 中的神经活动幅度，它是由视野中的视网膜位置映射来定义的。LO-1 和 LO-2 的响应在偏心和类别方面也有所不同（图 4-5（c）、图 4-5（d））。使用线

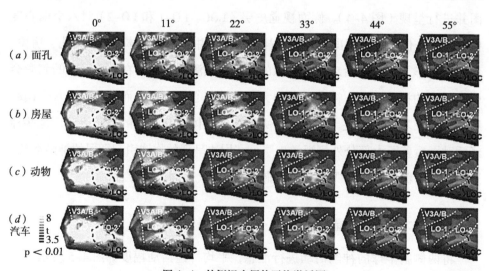

图 4-4 外侧视皮层的平均激活图
（a）面孔；（b）房屋；（c）动物；（d）汽车
在中心位置具有最强的神经活动，并且在远离视觉中心位置尤其是在 33°、44° 和 55° 的偏心度位置的神经活动变得越来越弱
（资料来源：Wang, Bin, et al. 2016 年）

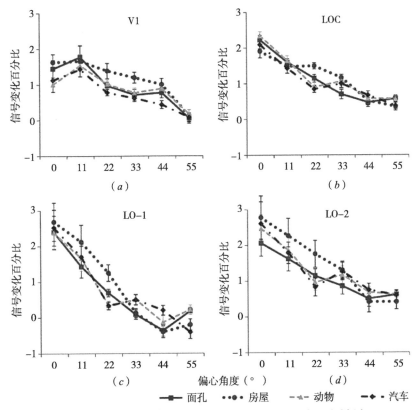

图 4-5　V1 和外侧视觉皮层中四个物体类别的平均神经活动幅度

（a）V1；（b）LOC；（c）LO-1；（d）LO-2

偏心率和神经反应之间的关系存在显著差异，表明这些区域包含对于位置的偏心率信息。此外，对于大
多数偏心度位置，对不同类别物体的神经活动也存在明显差异，表明这些区域包含类别选择的信息

（资料来源：Wang，Bin，et al. 2016 年）

性混合模型方法分析，我们确定了 LO-1[F（5，70）=51.39，p < 0.001] 和 LO-2[F（5，82）=31.5，p < 0.001] 中受到了偏心度的显著影响。更重要的是，偏心度与类别之间存在着交互作用 [LO-1：F（15，47）=4.36，p < 0.001，LO-2：F（15，57）=1.98，p=0.03]。在 11° 和 33° 的偏心度范围内，LO-1 和 LO-2 表现出相似的类别偏差。当房屋图像的偏心度为 22° 时，比其他物体类别引起的神经活动更大。在 33° 的偏心度位置，面孔图像引起的神经活动要小于 LO-2 中的其他物体类别所引起的神经活动。在 LO-1 中，对面孔引起的神经活动要小于对动物和汽车引起的神经活动。

4.3.4　相对于 V1 中的神经活动

通过 RRV1 的方法对神经活动进行缩放，确保输入 LOC、LO-1 和 LO-2 的强度对于所有偏心度和类别都是相同的。此外，由于被试者无法识别 33° 以上的物体（在 44° 和 55° 的周边偏心度位置），并且在 V1、LOC、LO–1 和 LO–2 中的神经活动较弱。因此，我们忽略了偏心度超过 33° 的 RRV1 结果。如图 4–6 所示，每个 ROI 的每个偏心度位置的平均 RRV1。使用偏心度和类别（4×4）进行线性混合模型的重复测量揭示了外侧视觉皮层（LOC：[F（3，39）=9.4，$p < 0.001$]，LO–1：[F（3，56）=17.15，$p < 0.001$] 和 LO–2[F（3，69）= 13.72，$p < 0.001$]）受到了偏心度的显著影响。除了偏心度之外，LOC 中的类别也有显著影响 [F（3，73）=5.11，p=0.003]。在偏心度为 0° 时，房屋图像的 RRV1 值明显小于其他类别 RRV1 的值（$p < 0.05$），在偏心率为 33° 时，RRV1 值略小于其他类别 RRV1 的值（$p < 0.05$）。此外，我们还确定了偏心度与类别间的相互作用。两两比较显示出每个类别的偏心度存在差异；这些差异在图 4–6（a）、图 4–6（c）中用星号表示（$p < 0.05$）。在 LOC 和 LO–2 中，偏心度位置为 11° 时面孔图像的 RRV1s 小于其他偏心度位置面孔图像的 RRV1 值（$p < 0.05$）。在动物和汽车图像中，偏心度为 11° 和 22° 位置的 RRV1 值明显小于 0° 位置的 RRV1 值（$p < 0.05$）。此外，偏心度位置为 11° 的汽车图像的 RRV1 值小于偏心度为 33° 位置的汽车图像的 RRV1 值。在 LO–1[图 4–6（b）]中，面孔、动物和汽车在 0° 偏心度位置时的 RRV1 值更大，而在周边偏心度（11°~33°）时，这些刺激的 RRV1 值没有变化。而在 11° 和 33° 偏心度位置时，房屋的 RRV1 值是存在差异的（$p < 0.05$）。

4.4　讨论

4.4.1　中心和周边视野中的物体辨别

来自行为学表现和神经影像学结果的一些研究数据表明，视觉系统区分和识别物体的能力随着偏心率的增加而降低[1]。这些能力的差异被认为与周边视觉皮质的皮层放大倍数较小和具有较大的接受区域有关；视觉系统在一定程度上对于中心刺激有更精细的表示，但在周边视野中对刺激的编码显得略微粗糙。在本书中，我们通过在宽视野中呈现刺激，证明了在较边缘的视野中呈现刺激时，

---

[1] SAYRES R，GRILL–SPECTOR K. Relating retinotopic and object–selective responses in human lateral occipital cortex [J]. J Neurophysiol，2008，100（1）：249–67.

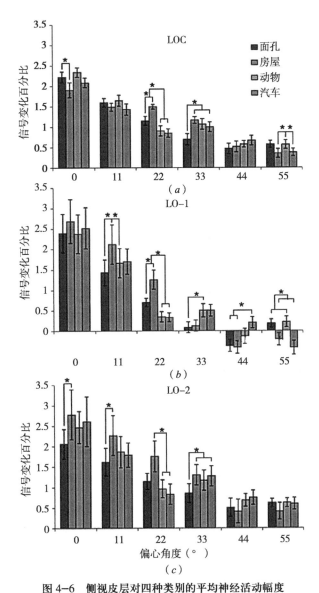

图 4-6　侧视皮层对四种类别的平均神经活动幅度
（a）LOC ；（b）LO-1 ；（c）LO-2
神经活动在偏心度位置上存在显著差异。个体对比的显著名差异（P < 0.05）用星号表示
（资料来源：Wang，Bin，et al. 2016 年）

物体识别的机能会下降。在周边视野中使用的恒定（无缩放）图像尺寸使得参
与者难以识别所呈现的物体的类别。由于这里使用的识别任务相对简单，准确
率可能会被夸大。笔者的任务是要求实验被试者识别在单个块中依次呈现的图
像的类别。例如，如果被试者注意到组块中的一张图片是一辆汽车，他们就会
知道该组块中呈现的其他刺激图片也会是汽车。因此，笔者认为被试者对周边
物体的实际识别能力可能要低得多。我们的行为结果表明，被试者能够识别出

在偏心度 33° 位置的物体,但无法识别外围位置的物体(偏心度 44° 和 55° 位置),与之前的几篇研究报道的结果相似[1][2]。这些发现表明,当偏心度超过 33° 时,识别物体的能力会大大降低。

而且,在周边视野中,对每个物体类别的识别精度差别很大;在周边位置,面孔识别的准确性远远高于其他类别的物体,另外有研究者还报道了人脸记忆比房屋记忆的正确率更高。检测定义面孔这个阶段的处理特性是通过对面孔进行整体处理而识别的,所以实验被试者可能更好地识别周边呈现的面孔刺激。周边视野对于整体的处理可能比对于部分的处理要更好。

在边缘视野(偏心度 33° 位置),人脸识别的正确率高于其他类别的正确率。相比之下,在偏心度 33° 时,房屋识别的正确率要小于对面孔和汽车识别的正确率。在外侧视觉皮层区域,我们还发现偏心度为 33° 时,房屋的 RRV1 值略小于其他物体类别的 RRV1 值。此外,众所周知,面孔选择性区域 FFA 和 PPA 分别对面孔和房屋的处理具有优先选择性的神经活动。FFA 表现出较高的 RRV1 值,且有明显的上升趋势,而 PPA 表现出较小的 RRV1 值,且没有明显的上升趋势。很可能对于周边视野中的呈现,面部的优异识别性能可能与较高的 RRV1 值相关,而房屋的较低识别性能与较高视觉区域中较小的 RRV1 值相关。

4.4.2 物体激活图上的偏心度效应

每个偏心度的神经激活图都有大大的重叠,这与 V1 中的神经激活图不同[3][4]。侧面视觉皮层中重叠的神经激活图可能是由较大的感受野引起的,其感受野的大小为 2.8°~26° 范围之间[5][6]。在人类神经影像学研究中也发现了大小类似的群体感受野[35]。在外侧视觉皮质内,代表周围视觉空间的神经元表现出较大的

---

① YAO J G, GAO X, YAN H M, et al. Field of Attention for Instantaneous Object Recognition [J]. Plos One, 2011, 6(1).

② YOO S A, CHONG S C. Eccentricity biases of object categories are evident in visual working memory [J]. Vis Cogn, 2012, 20(3): 233-43.

③ WU J, WANG B, YANG J, et al. Development of a method to present wide-view visual stimuli in MRI for peripheral visual studies [J]. Journal of neuroscience methods, 2013, 214(2): 126-36.

④ WANG B, YAN T Y, WU J L, et al. Regional Neural Response Differences in the Determination of Faces or Houses Positioned in a Wide Visual Field [J]. Plos One, 2013, 8(8).

⑤ OP DE BEECK H, VOGELS R. Spatial sensitivity of macaque inferior temporal neurons [J]. J Comp Neurol, 2000, 426(4): 505-18.

⑥ YOSHOR D, BOSKING W H, GHOSE G M, et al. Receptive fields in human visual cortex mapped with surface electrodes [J]. Cereb Cortex, 2007, 17(10): 2293-302.

感受野；因此，这些神经元不仅对周围视野有反应，而且对中心视野也有反应。此外，中心和周边的刺激可能激活了不同数量的神经元。我们认为，中心呈现的刺激激活大量的神经元，这些神经元的感受野从中心延伸到外围，而外围表现只激活那些不延伸到中心神经元的感受野。

4.4.3　侧视觉皮层对物体的神经活动

在外侧视觉皮层，物体类别的神经活动也受偏心度的影响。中心呈现的物体引起最强的神经活动，而外围呈现的物体，尤其是在 44° 和 55° 的偏心度位置，则引起较弱的神经活动。这些结果与之前关于中心视野研究 [30] 的结果相似，但是覆盖了更大的视野范围。

LO–1 和 LO–2 显示出不同的偏心度的差异模式。LO–1 仅对更中心位置（0°~22°）表现出显著的正向反应，而 LO–2 对所有位置（0°~55°）都表现出了显著的正向神经活动。这些神经活动的差异似乎与本书和以前的报告中发现的视觉皮层存在偏心表征的差异相一致 ①~③。LO–1 仅表示中心视野，而 LO–2 表现出从中心到周边对于位置变化的反应。

在本书中，刺激大小没有根据 V1 的皮层放大率进行缩放；因此，在外围偏心度位置处呈现的刺激数量相当大。此外，房屋所占空间大于其他类别的图像所占空间；因此，对房屋图像的神经活动要大于对其他类别物体图像的神经活动。笔者使用 RRV1 为所有的偏心度和类别提供来自 V1 的相同强度的信息。外侧视觉皮层 RRV1 表现出明显的偏心效应；这种效应不同于 FFA 和 PPA 的增长趋势 [23]。与周边偏心度位置相比，刺激在 0° 偏心度位置时，LOC、LO–1 和 LO–2 具有更大的 RRV1。笔者假设，在 V1 中对于中心和周边的信息处理是采用不同的策略来进行的。但是，低级视觉属性可能提供另一种解释。在实验中，偏心度为 0° 时仅呈现一幅图像，而在外围偏心度位置处呈现若干图像。与外围的偏心度相比，图像数量的明显差异可能导致偏心度为 0° 的 RRV1 更大。

① SAYRES R，GRILL–SPECTOR K. Relating retinotopic and object–selective responses in human lateral occipital cortex [J]. J Neurophysiol，2008，100（1）：249–67.

② LARSSON J，HEEGER D J. Two retinotopic visual areas in human lateral occipital cortex [J]. J Neurosci，2006，26（51）：13128–42.

③ AMANO K，WANDELL B A，DUMOULIN S O. Visual Field Maps，Population Receptive Field Sizes，and Visual Field Coverage in the Human MT plus Complex [J]. J Neurophysiol，2009，102（5）：2704–18.

人的视网膜在周边视野的视觉信息处理能力比在中心视野弱得多 ①②。在之前的一份报告中，笔者发现在 FFA 中，周边位置的 RRV1 大于中心位置 RRV1。较大的 RRV1 值可能反映了高级视觉皮层外围视野存在的一种补偿机制。在本书中，LOC 和 LO-2 中也发现了类似的结果。在 11°~33° 的偏心度范围内，面孔、动物和汽车在 LOC 和 LO-2 中呈现出 RRV1 增加的趋势。基于笔者的研究结果，假设在 LOC 和 LO-2 中，补偿策略被用来处理来自 V1 的信息，这些信息是关于周边视野中出现的某些物体类别。

4.4.4 物体类别在神经活动中的类别偏差

除了偏心效应外，对侧视觉皮层中物体的神经活动和 RRV1 也表现出类别偏差。当图像呈现在中心位置（偏心度为 0°）时，我们发现 LOC 中的面孔比房子引起更大的神经活动，但 V1 中没有发现。在 LOC 中，我们还发现，与其他类别相比，在偏心率为 0° 时，房屋图像的 RRV1 值更低。有研究通过仅在中心视野中呈现刺激，显示出对有生命的类别（面孔、身体部位和动物）的反应略高于对无生命的类别（汽车、房子和雕塑）[30]。

在周边偏心度（11°~33°）时，我们发现房屋图像的神经活动大于其他物体类别的图像（图 4-5）；这种差异很可能与房屋所占用的空间较大以及 V1 对房屋有较大的神经活动有关。此外，面孔所占的空间略大于汽车和动物所占的空间。然而，在 33° 的偏心度下，在侧面视觉皮层中发现对面孔的神经活动小于对汽车和动物的神经活动，但在 V1 中则没有。这些发现可能反映了周边视野神经激活的基础。通过对 RRV1 的分析，我们发现在 LOC 和 LO-1 中，偏心度与物体类别之间存在显著的相互作用。在周边视野中时，房屋图像的 RRV1 略微显著小于其他物体类别图像的 RRV1（图 4-6）。更有趣的是，在 LO-1 中随着偏心度的增加，面孔、汽车和动物的 RRV1 呈上升趋势，而房屋的 RRV1 呈下降趋势，在 LOC 和 LO-2 呈现的趋势一致。此外，在之前的研究中，笔者发现在 FFA 中，RRV1 值根据偏心度的变化会有显著不同；相反，在 PPA 中没有发现这种关系，这表明周边视野存在的补偿机制可能是在 FFA 中而不是在 PPA 中 [23]。笔者进一

① CURCIO C A, SLOAN K R, PACKER O, et al. Distribution of Cones in Human and Monkey Retina-Individual Variability and Radial Asymmetry [J]. Science, 1987, 236（4801）: 579-82.

② CURCIO C A, ALLEN K A. Topography of Ganglion-Cells in Human Retina [J]. J Comp Neurol, 1990, 300（1）: 5-25.

步假设在高级视觉区域中，与其他物体类别的图像相比，使用的是不同的策略来进行处理周边房屋图像的信息。

笔者发现 RRV1 中与物体类别相关的偏差可能与偏心度 33° 时的神经活动结果有关，因为对于房屋图像处理的精度远远小于其他物体类别。由于此处使用的识别任务相对简单，因此正确率可能不足以反映内部偏心率下 RRV1 的差异。笔者的研究结果与 [31]YOO 的研究结果一致，在中心和外围视野中，对于房子的记忆表现要比人脸记忆差 [31]。因此，外侧视觉皮层所表现出的偏心差异的新模式可能与中心和周边视野中呈现的物体类别的处理有关。

4.5　本章小结

在本书中，笔者研究了 V1 和外侧视觉皮层（包括 LOC、LO–1 和 LO–2）对于宽视野中呈现的物体的神经活动。这些区域的神经活动随着呈现的位置与中心注视点距离的增大而减小，但这些区域间的神经活动模式有所不同。LOC 和 LO–2 对所有偏心度位置（0°~55°）均表现出显著的神经活动，而 LO–1 仅对中心偏心位置（0°~22°）表现出显著的神经活动。重要的是，不同的物体类别引起的神经活动的幅度显著不同。偏心度和类别以及它们之间的相互作用对于外侧视觉皮层的 RRV1 有着显著的影响。对于 0° 偏心度的刺激，LOC、LO–1 和 LO–2 的 RRV1 值大于周边偏心度位置时的 RRV1 值。面孔、动物和汽车的图像显示出从 11°~33° 偏心位置 RRV1 增加的趋势，但是房子的图像没有显示出这一变化的趋势，这表明 LOC 和 LO–2 利用补偿策略在周边视野中处理这些图像。然而，房屋的 RRV1 显示 LO–1 的下降趋势和 LOC 和 LO–2 的一致值。笔者进一步假设，侧视觉皮层用于处理来自 V1 的信息策略在对于周边视野中呈现的物体图像类别方面是不同的。

第 5 章

视觉皮层对大视野物体感知的神经活动

本书检查了对于物体有选择性的皮层中的视网膜偏心位置的空间编码。利用功能性磁共振成像（fMRI）宽视野（约 120°）视觉成像系统，向实验被试者从中心视野到周边视野呈现物体刺激，该物体刺激呈现在 6 个偏心度水平的视野范围内。笔者研究了腹侧视觉皮质（V1）和枕侧复合体（LOC）对物体刺激的血流量反应。分析进一步揭示了 V1 区和 LOC 区随着偏心率越大，血液量的反应越弱。然而，V1 在 11° 偏心度下有更大的响应。随着偏心度的增加，LOC 区域的神经活动急剧减少。结果表明了偏心度和物体刺激对于神经活动的影响。

5.1　背景介绍

人类的视觉系统能够快速有效地对物体进行分类和识别 [36]。这种能力对视野 [37] 或视网膜位置 ①② 等观察条件的变化具有很强的适应能力。视觉科学的一个关键目标是了解大脑如何在不同的视觉条件下形成概念，从而实现这种识别行为。

灵长类动物的大脑解剖学中列出的视网膜成像中包含多个表征，通常称之为视网膜图 [38]。功能磁共振成像（fMRI）已被用于研究人类大脑早期皮层视网膜位图超过十年 ③~⑥。中心 / 外围组织，即偏心度的映射，是灵长类动物视觉皮层中最引人注目和最强大的组织原则之一。早期视觉皮层包含具有小的视觉感受野的神经元，这些神经元根据解剖学的构造组织成一系列的视野区域图，这些区域的视觉输入的表征与视网膜局部特征的位置有明确的相关。在较高的区域，视觉区域较小，神经元的感受野较大 [39]。具有较大感受野的神经元有时被错误地认为不适合编码空间位置。把这些区域进行分离是十分困难的，因为它们大

① BIEDERMAN I, COOPER E E. Evidence for complete translational and reflectional invariance in visual object priming [J]. Perception, 1991, 20（5）: 585-93.

② ELLIS R, ALLPORT D, HUMPHREYS G W, et al. Varieties of object constancy [J]. The Quarterly Journal of Experimental Psychology, 1989, 41（4）: 775-96.

③ WANDELL B A, DUMOULIN S O, BREWER A A. Visual field maps in human cortex [J]. Neuron, 2007, 56（2）: 366-83.

④ SERENO M I, DALE A M, REPPAS J B, et al. Borders of Multiple Visual Areas in Humans Revealed by Functional Magnetic-Resonance-Imaging [J]. Science, 1995, 268（5212）: 889-93.

⑤ RAJIMEHR R, TOOTELL R B. Does retinotopy influence cortical folding in primate visual cortex? [J]. J Neurosci, 2009, 29（36）: 11149-52.

⑥ BREWER A A, LIU J J, WADE A R, et al. Visual field maps and stimulus selectivity in human ventral occipital cortex（vol 8, pg 1102, 2005）[J]. Nat Neurosci, 2005, 8（10）: 1411.

部分是非中心凹视网膜的，不同类型的物体激活的区域略有不同。在视网膜上根据中心与周边视野偏差来表示对物体激活的差异[①②]。

物体识别由视觉皮层区域的不同层次结构进行调节，从枕叶中的初级视觉皮层（V1）向前和沿皮质表面腹侧延伸。"高级"区域的响应显示出更复杂的特性，例如物体形状或类别，其可以跨视野中更大范围的而集成的。功能磁共振成像（fMRI）已经确定了几个高水平的人类目标选择性区域，包括枕侧复合体（LOC），它对物体的反应优先于非物体的刺激。LOC 通常分为外侧区和后部区，位于枕叶皮质外侧，LOC 后方，梭状回和枕颞沟后部的腹侧和前部区。这些区域中的神经活动与物体识别性能相关。

在过去，已经做了许多工作来描述该区域的位置或类别选择性[③~⑤]，然而，这些研究主要集中在中心或中心周围（0°~12°）的领域方面。到目前为止，还没有系统的研究关于宽视野范围内更高级别类选择区域的偏心偏差。因此，笔者比较了物体在宽视野偏心度达 60° 时，V1 和 LOC 的反应区域与神经活动幅度。

笔者研究的基本设计可归纳如下：使用极坐标角和偏心角的视网膜映射实验识别 V1 和 LOC 的视觉区域，用一个用于识别对于物体选择区域的功能定位器实验和四个组块设计位置实验的扫描会话，比较在 6 个偏心度水平下对物体的神经活动。

5.2　实验步骤

5.2.1　实验被试者

13 名被试者参与该研究（11 名男性、2 名女性），年龄 21~29 岁，平均年龄 24 岁。所有被试者惯用手都是右手，并且视力正常。 fMRI 成像在研究者所在大学的附

① HASSON U, LEVY I, BEHRMANN M, et al. Eccentricity bias as an organizing principle for human high-order object areas [J]. Neuron, 2002, 34（3）: 479-90.

② LEVY I, HASSON U, AVIDAN G, et al. Center-periphery organization of human object areas [J]. Nat Neurosci, 2001, 4（5）: 533-9.

③ KANWISHER N. Faces and places : of central（and peripheral）interest [J]. Nat Neurosci, 2001, 4（5）: 455-6.

④ YUE X, CASSIDY B S, DEVANEY K J, et al. Lower-level stimulus features strongly influence responses in the fusiform face area [J]. Cereb Cortex, 2011, 21（1）: 35-47.

⑤ SAYRES R, GRILL-SPECTOR K. Relating retinotopic and object-selective responses in human lateral occipital cortex [J]. J Neurophysiol, 2008, 100（1）: 249-67.

属医院进行。实验是经过每个被试者的书面同意下进行的，并经过该大学附属医院的伦理委员会批准。

5.2.2 实验刺激

刺激通过宽视野成像系统[1][2]进行投射并呈现给被试者。实验被试者在直径为 60mm 的球体上观察刺激。被试者眼睛与屏幕的平均距离为 30mm。被试者佩戴隐形眼镜对实验刺激图像进行聚焦，物体刺激图像的视野范围为 120° 水平 × 120° 垂直。

5.2.3 目标定位实验

每个被试者都参与一次目标定位扫描，确定面部、房屋、动物和汽车的选定区域。刺激分别是 30 张人脸、房子、动物、汽车和物体的灰度图像。作为控制对比的是 30 幅完整物体的相位被打乱为无意义图像。每次扫描包含开始和结束时休息 12s，包含 20 个 10s 持续时间的刺激呈现组块，每个类别 5 个，间隔 10s 休息。对于目标定位扫描的每个组块，每个物体刺激种类的 10 幅图像被集中呈现，并以 20° 的视野角度呈现。在每个图像块中重复 2~3 幅图像，被试者被要求执行一个 "one-back" 匹配任务，同时要求注视在每个图像中心呈现的中心固视点。

5.2.4 位置实验

物体位置实验使用了面孔、房屋、动物和汽车的灰度图像。物体呈现在一系列的圆环范围内和灰色区域（图 5-1）。每个实验都使用了来自每个类别 192 张的独特图像。圆环内图像的范围是从内到外宽度为 10° 的视角。每个圆环的间隙为 1° 的视角。笔者选择使用恒定的图像大小，因为在人脸、房子、动物和汽车选择区域的放大因子是未知的，并且中心视野和周边视野的放大程度有很大的不同。笔者想通过中心视野和周边视野比较面孔、房子、动物和汽车在不同的位置的神经激活。图像在显示屏上以等间隔的位置显示，共有 6 个呈现位置，

---

① WU J L, YAN T Y, ZHANG Z, et al. Retinotopic mapping of the peripheral visual field to human visual cortex by functional magnetic resonance imaging [J]. Hum Brain Mapp, 2012, 33（7）: 1727-40.

② YAN T Y, JIN F Z, HE J P, et al. Development of a Wide-View Visual Presentation System for Visual Retinotopic Mapping During Functional MRI [J]. J Magn Reson Imaging, 2011, 33（2）: 441-7.

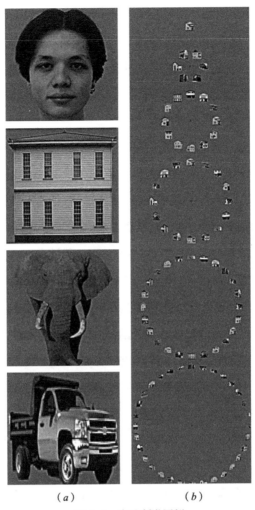

（a）　　　　　　　　　　（b）

图 5-1　实验刺激图例

（a）fMRI 实验中物体定位刺激物的例子；（b）显示所提示物体图像的位置和大小

（资料来源：作者绘制）

从固视点（中心点）至距离中心固视点 60° 的位置。

　　物体实验包括 4 次扫描的实验设计。在每次扫描的 8s 组块中，来自一个物体种类的不同图像被呈现在一个指定的位置。每幅图像显示 800mm，每幅图像之间的间隔为 200ms。刺激图像的呈现与基准背景图像（只具有固定点的灰度屏幕）交错持续 8s。每次运行包含每个位置和类别组合；因此每次运行包含 24 个组块（4 个类别 ×6 个位置）。扫描过程中，要求实验被试者对每张图像进行分类，同时视线被要求注视在一个红色的固定点上（实验中始终存在红色固视点，直径为视野角度 1.8° 的红色圆点）。在扫描过程中，通过与刺激提示的计算机相连接的磁兼容按键盒来收集行为反应。

为了确保被试者保持高度的注意力，指示被试者在提示时间1.2s内做出反应，提示时间是由固视点调暗时开始计算。固视点的调暗提示是1.8~3.8s随机发生的。在提示之后的1.2s之外发生的按键反应将被忽略。在扫描之前，会对实验被试者进行练习，以尽量减少错误的反应。

5.2.5 图像收集

使用3T（特斯拉）的功能性磁共振扫描仪（Siemens Allegra，Erlangen，Germany）进行实验成像的扫描。对于功能学成像系列，我们使用标准T2加权回波平面成像（EPI）序列（TR=2s；TE=35ms；翻转角=85°；64×64矩阵；平面分辨率：2.3mm×2.3mm；切片厚度：2mm，间隙为0.3mm）。然后将扫描出来的切片图进行手工排列，列成与胼胝体沟大致一致的形态，以覆盖大部分枕叶、后顶叶和后颞叶皮质。功能扫描后，利用磁化制备的快速梯度回波序列（MP-RAGE；TR=1800ms；TE=2.3ms；矩阵256×256×224；1mm等方性的体素尺寸）进行3D结构扫描，获得高分辨率矢状的T1加权图像。

5.2.6 数据处理

使用BrainVoyager QX 2.07（Brain Innovation，Maastricht，Netherlands）分析解剖学图像和功能学图像。将解剖学的图像进行分割，识别白质/灰质边界，然后用于皮质表面重建和膨胀[①~③]。对功能学图像进行扫描时间校正、三维运动校正、高通时间滤波（0.01Hz）预处理后进行统计分析。随后将功能数据转换为传统的Talairach空间，得到3D数据表示[26]。

将一般线性模型（GLM）应用于位置实验和区域定位实验的数据。将Boxcar函数与双 γ 血流动力学响应函数进行卷积以解释血流动力学效应[34]。对每个实验被试者的位置扫描，并进行实验结果的随机效应的方差分析。在统计分析中，

---

① GOEBEL R，ESPOSITO F，FORMISANO E. Analysis of Functional Image Analysis Contest（FIAC）data with BrainVoyager QX：From single-subject to cortically aligned group general linear model analysis and self-organizing group independent component analysis [J]. Hum Brain Mapp，2006，27（5）：392-401.

② DALE A M，FISCHL B，SERENO M I. Cortical surface-based analysis-I. Segmentation and surface reconstruction [J]. Neuroimage，1999，9（2）：179-94.

③ FISCHL B，SERENO M I，DALE A M. Cortical surface-based analysis-II：Inflation，flattening，and a surface-based coordinate system [J]. Neuroimage，1999，9（2）：195-207.

采用的阈值为 p < 0.05，用错误发现率（FDR）进行校正，并且聚类，阈值为 20mm³。神经活动的激活图通过高分辨率的功能性磁共振扫描的结果在皮质表面上呈现。

5.2.7 一般线性模型

我们应用一般线性模型（GLM），以体素为基础来分析位置实验和目标定位的实验数据。将 Boxcar 函数与双 γ 血流动力学响应函数进行卷积以解释血流动力学效应[34]。在单位组，对每个实验被试者的位置扫描，并进行随机效应方差分析。在统计分析中采用统计阈值 p < 0.05，用错误发现率（FDR）校正，并且聚类，阈值为 20mm³。

5.3 结果

5.3.1 行为学结果

在目标定位实验任务中，执行"one-back"的实验任务，实验被试者的反应正确率很高，大约为 90%。在位置实验任务中，实验被试者的识别任务的准确度大约为 75%。

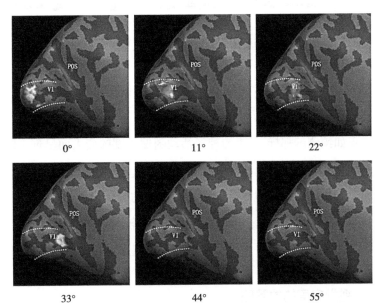

图 5-2 位置实验的结果。显示腹侧初级视觉皮层（V1）区域偏心度对应的反应位置

（资料来源：作者绘制）

5.3.2 V1和LOC的位置

目标定位实验数据被用来识别对面孔、房屋、汽车、动物和物体有选择性的双侧纹状体外区域。实验被试者在"one-back"的实验任务中显示出高水平的准确性（约90%），并且确定了对应物体反应的LOC区域位置图。与如图5-2所示中的V1区域相比，LOC区域被认为是对于识别物体具有更强烈响应的区域（图5-3）。通过使用未校正的对比度阈值P＜0.0001来定义所有区域。

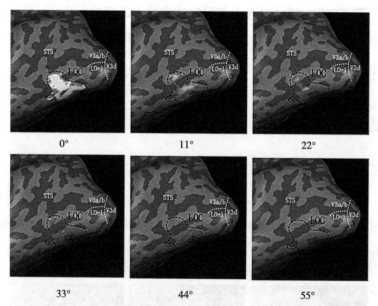

图5-3 位置实验的神经活动结果显示枕外侧复合体（LOC）区域偏心度对应的反应位置
（资料来源：作者绘制）

在位置实验数据中，笔者比较了V1中的6个偏心度位置的物体平均反应幅度。这些响应映射如图5-2所示。值得注意的是，在V1中表现出了具有显著的偏心效应。正如预测的那样，V1的神经活动随偏心度的变大而呈现下降的趋势，每个位置对应的神经活动区域的面积随视野角度的变化而变化。随着各位置偏心度的增加，原来的中心位置的响应区有着较大的变化。

随着偏心度的增大，V1区域神经活动的减小较为平缓。然而，V1在11°偏心时具有更大的神经活动和更大神经活动的视觉皮层区域（图5-4）。

5.3.3 视觉皮层的位置图

笔者将LOC中的6个偏心度位置上的所有物体刺激的平均的神经活动幅度

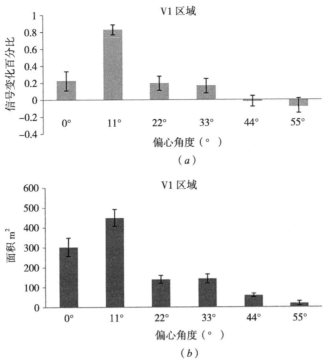

图 5-4 V1 区域对物体刺激的神经活动幅度及神经活动区域的激活面积
（a）V1 中对物体刺激的神经活动幅度；（b）V1 中对物体刺激反应区域的神经激活面积
在这两个区域中，随着呈现的图像偏心度的增大，神经元的激活程度随之降低
（资料来源：作者绘制）

进行了比较，这些神经活动的映射如图 5-3 所示。值得注意的是，在 LOC 中显示出了具有显著的偏心效应。结果表明，随着偏心度的增加，LOC 区域的神经活动呈单调下降趋势。对于各个位置的神经活动区域也是随着偏心度的增加而减小。随着偏心度的增大，LOC 区域的神经活动急剧下降（图 5-5）。

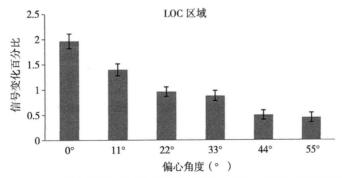

图 5-5 LOC 区域对物体刺激的神经活动和神经激活区域。在这一区域，随着图像偏心率的增大，
神经活动随之减弱
（资料来源：作者绘制）

5.3.4 宽视野中的物体信号变化

许多关于物体选择区功能的研究已经展开，但是迄今为止，在这些区域的周边视野中还没有关于对物体刺激神经活动的报道。神经活动的平均结果值是对侧、内侧和外侧图像刺激反应的平均值。本书从 V1 区域得到 6 个偏心度位置的结果。这些结果汇总在一起，平均的神经活动如图 5-4（a）所示。当一个物体刺激的图像在距中心固视点越来越远的地方被观察到时，神经活动随着偏心度位置的变化而减小。以偏心率为重复测量指标的单向方差分析 ANOVA 显示，偏心度在 V1[F（5，30）=10.353，p ≤ 0.001] 的各个位置均有显著的主效应。

将 LOC 区域的 6 个偏心度位置的结果进行汇总，平均神经活动幅度如图 5-5 所示。重复测量偏心度的单向 ANOVA 显示偏心度在各区域均有显著的主效应 LOC[F（5，45）=70.148，p ≤ 0.001]。

5.4 讨论

笔者研究了位于视觉皮层的 V1（图 5-2）和 LOC（图 5-3）区域中对于宽视野位置的神经活动。笔者测量了在视野宽达 60° 的范围内，6 个偏心度位置的平均神经活动振幅，然后计算了相对于中心位置的比值。

在本书中，笔者结合了视网膜定位图和物体图的刺激图像，这使笔者能够识别响应于 V1 和 LOC 中的物体的视网膜特性，以及在空间注意过程中积极使用的视网膜特性。使笔者在宽视野成像中很好地发现了物体感知的神经活动特性。

5.4.1 V1 中的物体位置图

笔者的研究结果表明，V1 区域对于视网膜位置具有相当高的敏感性，其中只有一部分是由于 V1 与视野图重叠造成的。随着离心率的增加，每度视野皮质的表面积逐渐减小。在 V1 中随着刺激大小的增加，反应区域范围也在增加。然而，视觉皮层的宽度随着皮层距离的增加而变化，由于不同偏心度的神经活动区域边界不规则，不同偏心度的神经响应区域表现出较大的变异性。所以我们会看到在偏心度 11° 位置的峰值 [图 5-4（b）]。

5.4.2 V1 和 LOC 中对于物体的不同感知信号

随着偏心度的增大，V1 区域的神经活动减小得较为平缓。然而，随着偏心度的增大，刺激的数量也随之增加，因此神经活动也随之增大。所以 V1 在 11°离心率下有更大的反应（图 5-4）。

随着偏心度的增加，LOC 区域的神经活动急剧减少。受偏心率影响的 V1 区域的物体响应小于 LOC 区域。因此，刺激大小对于 V1 区域的响应强于 LOC。而且随着偏心率的增加，LOC 的反应被削弱（图 5-5）。

根据物体定位实验结果，在较高的视觉区域发现了对于物体具有选择的区域，这与之前使用中心刺激的研究结果相一致 [1]~[4]。与初级视觉皮层相似，高阶视觉区域也表现出偏心性 [5]~[9]。此外，物体识别区域是根据对中心视野而不是周边视野划分的 [10][11]。虽然已经进行了许多工作表征这些区域具有形状或类别选择性，但对于较高区域的特性表征却知之甚少。在目前描述的系统中，笔者首先揭示了在 60° 偏心度的宽视野范围内对物体刺激的脑神经活动。笔者认为，在人类 LOC 区域的这一现象可能与神经活动随偏心率增加而急剧下降的研究报道有关。

[1] GRILL-SPECTOR K, KANWISHER N. Visual recognition–As soon as you know it is there, you know what it is [J]. Psychol Sci, 2005, 16（2）: 152–60.

[2] BIEDERMAN I, COOPER E E. Evidence for complete translational and reflectional invariance in visual object priming [J]. Perception, 1991, 20（5）: 585–93.

[3] ELLIS R, ALLPORT D, HUMPHREYS G W, et al. Varieties of object constancy [J]. The Quarterly Journal of Experimental Psychology, 1989, 41（4）: 775–96.

[4] KANWISHER N. Faces and places : of central（and peripheral）interest [J]. Nat Neurosci, 2001, 4（5）: 455–6.

[5] SAYRES R, GRILL-SPECTOR K. Relating retinotopic and object-selective responses in human lateral occipital cortex [J]. J Neurophysiol, 2008, 100（1）: 249–67.

[6] LARSSON J, HEEGER D J. Two retinotopic visual areas in human lateral occipital cortex [J]. J Neurosci, 2006, 26（51）: 13128–42.

[7] KOLSTER H, PEETERS R, ORBAN G A. The Retinotopic Organization of the Human Middle Temporal Area MT/V5 and Its Cortical Neighbors [J]. J Neurosci, 2010, 30（29）: 9801–20.

[8] KRAVITZ D J, KRIEGESKORTE N, BAKER C I. High-Level Visual Object Representations Are Constrained by Position [J]. Cereb Cortex, 2010, 20（12）: 2916–25.

[9] NIEMEIER M, GOLTZ H C, KUCHINAD A, et al. A contralateral preference in the lateral occipital area : Sensory and attentional mechanisms [J]. Cereb Cortex, 2005, 15（3）: 325–31.

[10] HASSON U, LEVY I, BEHRMANN M, et al. Eccentricity bias as an organizing principle for human high-order object areas [J]. Neuron, 2002, 34（3）: 479–90.

[11] LEVY I, HASSON U, AVIDAN G, et al. Center-periphery organization of human object areas [J]. Nat Neurosci, 2001, 4（5）: 533–9.

但是 V1 与 LOC 这一变化趋势并不一致 [①~③]。

5.5 本章小结

综上所述，笔者结合视网膜定位图和物体图的刺激图像，揭示了 V1 和 LOC 中视网膜成像对物体的反应特性。在物体定位实验任务中，V1 区域和 LOC 区域都显示了对于物体的激活。笔者提出物体在 V1 和 LOC 中的神经活动不只受偏心度的调制。然而，这一猜想需要在未来的工作中加以证明。

① HASSON U，LEVY I，BEHRMANN M，et al. Eccentricity bias as an organizing principle for human high-order object areas [J]. Neuron，2002，34（3）：479-90.
② LEVY I，HASSON U，AVIDAN G，et al. Center-periphery organization of human object areas [J]. Nat Neurosci，2001，4（5）：533-9.
③ KANWISHER N. Faces and places：of central（and peripheral）interest [J]. Nat Neurosci，2001，4（5）：455-6.

参考文献

[1] GRILL-SPECTOR K. The neural basis of object perception [J]. Curr Opin Neurobiol, 2003, 13 (2) : 159-66.

[2] DRUCKER D M, AGUIRRE G K. Different Spatial Scales of Shape Similarity Representation in Lateral and Ventral LOC [J]. Cereb Cortex, 2009, 19 (10) : 2269-80.

[3] SILSON E H, MCKEEFRY D J, RODGERS J, et al. Specialized and independent processing of orientation and shape in visual field maps LO1 and LO2 [J]. Nat Neurosci, 2013, 16 (3) : 267-9.

[4] MACEVOY S P, YANG Z. Joint neuronal tuning for object form and position in the human lateral occipital complex [J]. Neuroimage, 2012, 63 (4) : 1901-8.

[5] KANWISHER N, YOVEL G. The fusiform face area : a cortical region specialized for the perception of faces [J]. Philos T Roy Soc B, 2006, 361(1476) : 2109-28.

[6] HAXBY J V, UNGERLEIDER L G, CLARK V P, et al. The effect of face inversion on activity in human neural systems for face and object perception [J]. Neuron, 1999, 22 (1) : 189-99.

[7] YOVEL G, KANWISHER N. The neural basis of the behavioral face-inversion effect [J]. Curr Biol, 2005, 15 (24) : 2256-62.

[8] PITCHER D, WALSH V, DUCHAINE B. The role of the occipital face area in the cortical face perception network [J]. Exp Brain Res, 2011, 209 (4) : 481-93.

[9] HARRIS R J, YOUNG A W, ANDREWS T J. Morphing between expressions

dissociates continuous from categorical representations of facial expression in the human brain [J]. P Natl Acad Sci USA, 2012, 109 (51): 21164-9.

[10] GSCHWIND M, POURTOIS G, SCHWARTZ S, et al. White-Matter Connectivity between Face-Responsive Regions in the Human Brain [J]. Cereb Cortex, 2012, 22 (7): 1564-76.

[11] MENDE-SIEDLECKI P, VEROSKY S C, TURK-BROWNE N B, et al. Robust Selectivity for Faces in the Human Amygdala in the Absence of Expressions [J]. J Cognitive Neurosci, 2013, 25 (12): 2086-106.

[12] HENSON R N, GOSHEN-GOTTSTEIN Y, GANEL T, et al. Electrophysiological and haemodynamic correlates of face perception, recognition and priming [J]. Cereb Cortex, 2003, 13 (7): 793-805.

[13] RUTISHAUSER U, TUDUSCIUC O, WANG S, et al. Single-Neuron Correlates of Atypical Face Processing in Autism [J]. Neuron, 2013, 80 (4): 887-99.

[14] YOVEL G, BELIN P. A unified coding strategy for processing faces and voices [J]. Trends Cogn Sci, 2013, 17 (6): 263-71.

[15] EPSTEIN R, KANWISHER N. A cortical representation of the local visual environment [J]. Nature, 1998, 392 (6676): 598-601.

[16] EPSTEIN R A, WARD E J. How Reliable Are Visual Context Effects in the Parahippocampal Place Area? [J]. Cereb Cortex, 2010, 20 (2): 294-303.

[17] BASTIN J, VIDAL J R, BOUVIER S, et al. Temporal Components in the Parahippocampal Place Area Revealed by Human Intracerebral Recordings [J]. J Neurosci, 2013, 33 (24): 10123-31.

[18] STANSBURY D E, NASELARIS T, GALLANT J L. Natural Scene Statistics Account for the Representation of Scene Categories in Human Visual Cortex [J]. Neuron, 2013, 79 (5): 1025-34.

[19] BALDASSANO C, BECK D M, FEI-FEI L. Differential connectivity within the Parahippocampal Place Area [J]. Neuroimage, 2013, 75 (228-37).

[20] KAMITANI Y, TONG F. Decoding the visual and subjective contents of the human brain [J]. Nat Neurosci, 2005, 8 (5): 679-85.

[21] WU J, WANG B, YANG J, et al. Development of a method to present wide-view visual stimuli in MRI for peripheral visual studies [J]. Journal of neuroscience methods, 2013, 214 (2) : 126-36.

[22] KANWISHER N, MCDERMOTT J, CHUN M M. The fusiform face area: A module in human extrastriate cortex specialized for face perception [J]. J Neurosci, 1997, 17 (11) : 4302-11.

[23] WANG B, YAN T Y, WU J L, et al. Regional Neural Response Differences in the Determination of Faces or Houses Positioned in a Wide Visual Field [J]. Plos One, 2013, 8 (8) .

[24] WANG B, GUO J Y, YAN T Y, et al. Neural Responses to Central and Peripheral Objects in the Lateral Occipital Cortex [J]. Front Hum Neurosci, 2016, 10.

[25] GOEBEL R, ESPOSITO F, FORMISANO E. Analysis of Functional Image Analysis Contest (FIAC) data with BrainVoyager QX : From single-subject to cortically aligned group general linear model analysis and self-organizing group independent component analysis [J]. Hum Brain Mapp, 2006, 27 (5) : 392-401.

[26] TALAIRACH J T P C-P S A O T H B N Y T.

[27] GRILL-SPECTOR K, KUSHNIR T, EDELMAN S, et al. Differential processing of objects under various viewing conditions in the human lateral occipital complex [J]. Neuron, 1999, 24 (1) : 187-203.

[28] YUE X, CASSIDY B S, DEVANEY K J, et al. Lower-level stimulus features strongly influence responses in the fusiform face area [J]. Cereb Cortex, 2011, 21 (1) : 35-47.

[29] LARSSON J, HEEGER D J. Two retinotopic visual areas in human lateral occipital cortex [J]. J Neurosci, 2006, 26 (51) : 13128-42.

[30] SAYRES R, GRILL-SPECTOR K. Relating retinotopic and object-selective responses in human lateral occipital cortex [J]. J Neurophysiol, 2008, 100 (1) : 249-67.

[31] YOO S A, CHONG S C. Eccentricity biases of object categories are evident in visual working memory [J]. Vis Cogn, 2012, 20 (3) : 233-43.

[32] SCHWARZLOSE R F, SWISHER J D, DANG S, et al. The distribution of category and location information across object-selective regions in human visual cortex [J]. Proceedings of the National Academy of Sciences, 2008, 105 (11) : 4447-52.

[33] WU J L, YAN T Y, ZHANG Z, et al. Retinotopic mapping of the peripheral visual field to human visual cortex by functional magnetic resonance imaging [J]. Hum Brain Mapp, 2012, 33 (7) : 1727-40.

[34] FRISTON K J, FLETCHER P, JOSEPHS O, et al. Event-related fMRI : characterizing differential responses [J]. Neuroimage, 1998, 7 (1) : 30-40.

[35] AMANO K, WANDELL B A, DUMOULIN S O. Visual Field Maps, Population Receptive Field Sizes, and Visual Field Coverage in the Human MT plus Complex [J]. J Neurophysiol, 2009, 102 (5) : 2704-18.

[36] GRILL-SPECTOR K, KANWISHER N. Visual recognition-As soon as you know it is there, you know what it is [J]. Psychol Sci, 2005, 16 (2) : 152-60.

[37] FANG F, MURRAY S O, HE S. Duration-dependent fMRI adaptation and distributed viewer-centered face representation in human visual cortex [J]. Cereb Cortex, 2007, 17 (6) : 1402-11.

[38] FELLEMAN D J, VAN ESSEN D C. Distributed hierarchical processing in the primate cerebral cortex [J]. Cereb Cortex, 1991, 1 (1) : 1-47.

[39] SERENCES J T, YANTIS S. Spatially selective representations of voluntary and stimulus-driven attentional priority in human occipital, parietal, and frontal cortex [J]. Cereb Cortex, 2007, 17 (2) : 284-93.

后　记

　　认知神经科学具有大跨度学科交叉的特点，学习认知神经科学涉及认知和心理的不同层次的问题，其中作为人类主要认知功能之一的视觉认知，占据着人类对于外界事物的大部分感知，因此研究视觉对物体认知是十分必要的。设计是一种将计划、规划、设想通过视觉的形式传达出来的艺术，如何评价好的设计，对于美的事物和物体，人类会有怎样不同的脑神经活动，这是今后要与认知神经科学相结合，并加以研究的热门课题。本书作者会以此为目标，继续探索认知的脑神经机制。

　　在这里，首先要感谢我的导师吴景龙教授对我相关研究的不断支持，感谢他的悉心教诲与耐心指导，让我顺利地完成了相关的研究。还要感谢太原理工大学王彬副教授和北京理工大学闫天翼教授的宝贵意见与支持。

　　最后衷心感谢广东工业大学艺术与设计学院的胡飞院长对于本书出版的鼎力支持，以及感谢对于本书出版的编委的宝贵意见。